Homöopathie für Hunde

Symptome | Dosierung | Behandlung

Hilke Marx-Holena

Homöopathie für Hunde

Symptome | Dosierung | Behandlung

Die erste Auflage dieses Ratgebers erschien zu einer Zeit, als die Homöopathie für Tiere im Allgemeinen und für Hunde im Besonderen einen großen Aufschwung erlebte. Dieser Trend besteht fort, da sich über die Jahre herausstellte, dass die Homöopathie eine ausgezeichnete Heilmethode und sehr gute Alternative zur Veterinärmedizin ist – nicht nur bei alltäglichen Beschwerden oder Verhaltensauffälligkeiten des Hundes, sondern auch bei schwerer Erkrankung oder Verhaltensstörung. Im akuten und chronischen Krankheitsfall stellt die Homöopathie eine unverzichtbare Behandlungsart dar.

In diesen Ratgeber sind die Erkenntnisse der letzten Jahre mit eingeflossen. Er richtet sich an homöopathisch Interessierte und Fortgeschrittene. Mein Anliegen ist, dass Sie als HalterIn Ihren kranken Hund oder anderen Tierpatienten durch Homöopathie heilsam behandeln können. Um Ihnen die Suche nach der passenden homöopathischen Arznei zu erleichtern, enthält dieses Buch eine übersichtliche Aufteilung. Unter dem jeweils genau beschriebenen Krankheitsbild stehen bewährte Arzneien mit ihren Arzneisymptomen, wodurch Sie die Symptome Ihres Hundes oder Tierpatienten mit denen der genannten Arzneien vergleichen können. Zudem finden Sie exakte Dosierungen, Empfehlungen zur äußeren Anwendung und zur Zusammenstellung einer Hausapotheke sowie Bezugsquellen.

Ich bin 1955 geboren, verheiratet und Mutter von drei Kindern. Schon in jungen Jahren gehörten Hunde zu meinem Leben, und das ist bis heute so geblieben. Mein Studium der klassischen Homöopathie, das ich 1982 begann, schloss ich einige Jahre später erfolgreich ab, seitdem bilde ich mich fortlaufend weiter. Zudem absolvierte ich eine Tierheilpraktikerausbildung, bin seit über 15 Jahren in mobiler Praxis tätig und auf Homöopathie für Tiere spezialisiert.

Vielen Dank an das Team vom BLV Buchverlag. Meinem Mann Volker danke ich herzlich für seinen Beistand. Dank Ihres Zuspruchs, liebe Leserinnen und Leser, liegt die Homöopathie für Hunde nun in vierter Auflage vor. Ich hoffe, Sie haben Freude an diesem Ratgeber, finden bei Erkrankung Ihres Hundes oder Tierpatienten das heilsame Mittel sowie hilfreiche Informationen.

Hilke Marx-Holena
www.homoeopathie-pferde-hunde.de
hil.ma-tierhomoeopathie@t-online.de

GRUNDLAGEN DER HOMÖOPATHIE

Zur Geschichte

Der Arzt und Chemiker Dr. Samuel Hahnemann ist der Begründer der Homöopathie. Im Jahre 1790 unternahm er seinen berühmten Selbstversuch mit Chinarinde, der als Geburtsstunde der Homöopathie gilt. Dabei spürte er Symptome, die Ähnlichkeit mit den Symptomen von Malaria haben. Das war der Beginn für viele weitere Forschungen. Erst 1796 ging er mit seiner »Homöopathik« an die Öffentlichkeit. Hahnemann begründete und entwickelte nicht nur die homöopathische Medizin, sondern auch das gesamte Verfahren zur Herstellung ihrer Arzneien. Die homöopathische Anwendung am Tier geht auf das Jahr 1815 zurück, wobei Hahnemann zur »Homöopathie der Haustiere« erstmals 1829 öffentlich Stellung nahm. Mit Verbreitung der Homöopathie für Mensch und Tier im In- und Ausland kam es zu weiteren, bedeutenden Fortschritten. Die Homöopathie ist heute eine anerkannte, hochaktuelle Heilmethode für Tiere.

Arzneiausgangsstoffe der Homöopathie
Arzneiurstoffe der Homöopathie stammen aus dem Reich der **Pflanzen, Tiere und Mineralien** (sowie Metalle). Hinzu kommen unschädlich gemachte Krankheitsprodukte (z. B. Tuberkelbazillen), die als **Nosoden*** bezeichnet werden (z. B. *Tuberculinum*). Bestimmte Arzneiurstoffe, wie z. B. *Causticum*, stammen aus dem chemischen Labor.

Arzneimittelprüfung

»Was eine Arznei bewirkt, wird durch Prüfung am Gesunden festgestellt«, lautet das erste Grundprinzip der klassischen Homöopathie. Die Durchführung von Arzneimittelprüfungen an gesunden Menschen unterliegt genauen Bestimmungen. Bis heute prüft immer noch der Mensch für das Tier altbekannte und neue Arzneistoffe der Homöopathie, um ein möglichst vollständiges Arzneibild der jeweiligen Arznei zu erhalten. Obwohl inzwischen verschiedene Ergebnisse auch vom Tier vorliegen, können wir in der Tierhomöopathie nicht darauf verzichten, menschliche Arzneisymptome auf das Tier zu übertragen. Im Gegenteil, wir sind dankbar, dass es sie gibt!

Arzneibild/Krankheitsbild

In der Homöopathie hat jeder geprüfte Arzneistoff auch sein »Arzneibild«. Darunter versteht man zum einen die Summe aller Erscheinungen, die ein Arzneistoff am Gesunden hervorruft (Arzneiprüfung). Zum anderen setzt sich ein Arzneibild auch aus Erkenntnissen zusammen, die aus der Toxikologie, Pharmakologie, Praxis und Klinik stammen. Wird ein Hund krank, so zeigt sich sein Kranksein durch Krankheitssymptome, wobei jeder Hund – neben den allgemeinen Symptomen einer Krankheit – seine individuellen Krankheitssymptome äußern wird. Man spricht hier auch vom »Krankheitsbild« eines Kranken, und zwar in seiner Ganzheit von Geist, Seele und Körper. Vor der Arzneiwahl steht die Suche nach Ähnlichkeit zwischen dem Krankheitsbild des kranken Hundes und den Arzneisymptomen einzelner Arzneibilder, wobei man sehr oft die am Menschen geprüften Arzneisymptome auf den Hund übertragen muss.

Ähnlichkeitsregel

»Ähnliches möge durch Ähnliches geheilt werden«. Vereinfacht gesagt: Man wähle in jedem Krankheitsfall eine Arznei, die ähnliches Leiden erregen kann, als sie heilen soll. Ein kleines Beispiel kann Ihnen die Ähnlichkeitsregel im Ansatz verdeutlichen: Beim Schälen und Zerteilen einer Küchenzwiebel *(Allium cepa)* werden Sie evtl. Folgendes spüren: Ihre Augen tränen, die Tränen sind mild oder brennen, Ihre Nase läuft, juckt und wird evtl. wund, mit Verschlechterung in Wärme und Besserung im Freien. Treten ähnliche Symptome bei einer Erkrankung auf, kann potenzierte *Allium cepa* das Mittel der Wahl sein! Hinweis: Homöopathie meint Ähnlichkeit, und nicht Gleichheit! Denn »Gleiches möge mit Gleichem behandeln werden« ist Isopathie (iso=gleich; pathos=Leiden). Daher wird in der Homöopathie z. B. nach Bienenstich nicht generell potenzierte *Apis* (Honigbiene) gewählt, sondern das Mittel, welches die größte Ähnlichkeit mit den individuellen Symptomen des gestochenen Hundes hat. So kann ein durch Bienenstich verletzter Hund Symptome äußern, die denen von z. B. *Ledum, Urtica, Aconitum* oder *Rhus toxicodendron* ähnlich sind.

Was bedeutet Potenzierung?

In jeder Pflanze, jedem Tier, Mineral (sowie Metall) oder andersartigen Arzneiurstoff »wohnt« eine ihm eigene Kraft oder Dynamik. Hahnemann entwickelte ein Verfahren, um diese Kraft zu wecken und nannte es Dynamisieren bzw. Potenzieren. Gemeint ist das schrittweise Verdünnen und Verschütteln oder Verreiben eines Arzneiurstoffes. Nach jedem Schritt einer Verdünnung werden 10 Schüttelschläge vollführt (bei der Verreibung sind es 10 Verreibungen). Je höher ein Arzneistoff potenziert ist, desto höher wird seine Energie. Je tiefer ein Arzneistoff potenziert ist, desto »urstofflicher« wird er sein.

Die verschiedenen Potenzen

D-Potenzen sind im Verhältnis 1:9 = 10 hergestellt (Dezimal-Skala): 1 Teil Arzneiurstoff und 9 Teile Trägerstoff (Alkohol, Rohr-/Milchzucker).
C-Potenzen sind im Verhältnis 1:99 = 100 hergestellt (Centesimal-Skala), 1 Teil Arzneiurstoff und 99 Teile Trägerstoff.
Q-Potenzen sind 50.000er-Potenzen, die in einem komplizierten Verfahren hergestellt werden. Das Q steht für Quinquagintamillesimal (50.000).
LM-Potenzen (L = 50, M = 1.000) sind auch 50.000er-Potenzen, wobei sich Q- und LM-Potenzen in ihrer Herstellung pflanzlicher Urstoffe voneinander unterscheiden.

Tiefe, mittlere, hohe Potenzen
Tiefe Potenzen: D1 bis D6 / C1 bis C3
Mittlere Potenzen: D8 bis D12 bzw. D21 / C4 bis C12
Hochpotenzen: ab D30 und C30 und weit höher
Q- und LM-Potenzen gehören im Prinzip zu den Hochpotenzen, können aber etwas häufiger als diese wiederholt werden.
Wirkungsebene: Eine sehr allgemeine, aber mitunter hilfreiche Richtlinie lautet: Tiefe Potenzen wirken organotrop (auf Organebene), mittlere Potenzen wirken funktiotrop (auf Ebene organischer Funktionen), Hochpotenzen wirken personotrop (auf die Gesamtheit von Geist, Seele und Körper).

Arzneiformen

Das Zeichen ∅ steht für Urtinktur oder Ursubstanz;
dil. (Dilutio) = Lösung/Tropfen;
tabl. (Tabuletta) = Tablette;
glob. (Globuli) = Streukügelchen;
trit. (Trituratio) = Verreibung (z. B. Pulver)
1 Tablette entspricht 5 Streukügelchen oder 5 Tropfen. Homöopathische Arzneien gibt es auch in Form von Ampullen (für Injektionen), Salben, Externa, Augentropfen, Zäpfchen (Suppositorien).

Arten der Anwendung homöopathischer Arzneien

Verabreichen Sie Ihrem Hund vorzugsweise Globuli oder Tabletten, da Tropfen hochprozentigen Alkohol enthalten. Möchten Sie Ihrem Hund die Arznei lieber in flüssiger Form verabreichen, so lösen Sie Globuli oder Tabletten in 1 cl Wasser auf und verwenden zum Einträufeln von Tropfen oder aufgelösten Globuli einen Plastiklöffel, eine Pipette oder Einmalspritze ohne Kanüle.
Die Aufnahme homöopathischer Arzneien ist durch die Schleimhaut der Maulhöhle am sichersten. Entscheiden Sie, welche Art der Anwendung für Ihren Hund geeignet ist.
Globuli und Tabletten: 1. Tablette/Globuli auf die Hand legen und vom Hund abnehmen/ablecken lassen. Vorsichtige Hunde nehmen die Tablette/Globuli auch aus den Fingerspitzen. **2.** Auflösen von Tablette/Globuli in etwas Wasser und umrühren, Lefzentasche seitlich etwas wegziehen und einträufeln. **3.** Wie bei 2., hier mittels Einmalspritze ohne Kanüle durch die Zähne spritzen. **4.** Lösung auf ein Stück trocken Brot oder Trockenfutter geben und füttern. **5.** Einschieben der Tablette oder direktes Eingeben/Einwerfen der Globuli ins Maul. **6.** Legen der Tablette auf die hintere Zunge. **7.** Notfalls Globuli/Tablette auflösen und in den Wassernapf (1/8 l Füllung) geben.
Tropfen: 1. Die Lefzentasche seitlich am Maul etwas wegziehen, einträufeln der Tropfen oder der in Wasser verdünnten Tropfen. **2.** Tropfen oder in Wasser verdünnte Tropfen auf ein Stück trocken Brot/Trockenfutter geben und füttern. **3.** Tropfen in etwas Wasser seitlich durch die Zähne spritzen (Einmalspritze). **4.** Notfalls die Tropfen auch in den Wassernapf (1/8 l Füllung) geben.
Durch die Haut: Anwendung von Salben oder Tinkturen, die homöopathische Arzneien enthalten.
Injektion: Unter die Haut (s.c.), ins Muskelgewebe (i.m.), in die Blutbahn (i.v.): Wird von Sachkundigen gemacht, wenn z. B. die orale Gabe nicht möglich ist oder weil eine raschere Wirkung vermutet wird.
Durch die Darmschleimhaut: Einführen von Zäpfchen in den After, welche eine oder mehrere angezeigte homöopathische Arzneien enthalten.
Durch die Muttermilch: Durch Gabe an die Mutter erhält der Welpe seine angezeigte Arznei durch die Muttermilch.

Verabreichung vor oder nach Fütterung ?

Die Faustregel lautet: Homöopathische Arzneien sollten im Idealfall nur in ein Maul gelangen, das frei von Futter ist. Die Zeitspanne von ca. 1 Stunde nach oder vor Fütterung ist angemessen.

Dosierung

»Gabe« einer homöopathischen Arznei
In diesem Buch finden Sie den Begriff »Gabe« (1 Gabe = 1 Dosis einer Arznei). Die Größe einer Gabe (Dosis) einer Arznei wird in der Homöopathie nicht nach dem Körpergewicht bemessen wie in der Pflanzenheilkunde oder Schulmedizin. Ist die ähnlichste Arznei für Ihren Hund gefunden, dann wirkt sie in der kleinstmöglichen Gabe (Dosis), weshalb große und kleine Hunde eine gleich große Gabe je Arznei erhalten. **Beispiel zur Dosierung im Buch:** 2–3-mal täglich, max. 3 Gaben. Damit ist gemeint, dass Sie Ihrem Hund von der Arznei insgesamt 3 Gaben geben können, z. B. 1-mal täglich an 3 Tagen oder akut 3-mal an dem einen Tag. Tritt aber nach 1 oder 2 Gaben Besserung ein, ist die Arznei abzusetzen! Das »max.« (maximal) ist ein Richtwert der Höchstdosis für diejenige Arznei.

1 Gabe einer Arznei in niedriger, mittlerer, hoher Potenz
ist für Welpen, Zwergrassen, mittelgroße und große Hunde gleich:
4–5 Globuli oder 4–5 Tropfen oder ½–1 Tablette.

1 Gabe einer Arznei in LM- oder Q-Potenz
ist für Welpen, Zwergrassen, mittelgroße und große Hunderassen gleich:
5–6 Streukügelchen oder 5–6 Tropfen, die in Wasser verrührt werden.

1 Gabe einer Arznei »in Wasser« verrührt oder verschüttelt
ist für Welpen, Zwergrassen, mittelgroße und große Hunderassen gleich:
je 1–2 ml der Arznei »in Wasser« (siehe wie folgt).

Dosierung »in Wasser«
Wann anzuwenden: Wenn im Buch eine Dosierung in Wasser angegeben ist. Wenn Ihr Hund generell empfindlich reagiert. Wenn Sie die Arznei statt in niedriger oder mittlerer Potenz (wie zur Dosierung genannt) in D30 oder C30 zur Hand haben. Bei LM- oder Q-Potenzen.
Herstellung: 125 ml Wasser in ein Glas oder eine Flasche (sauber) füllen. Darin 5 Globuli oder 1 Tablette oder 5 Tropfen auflösen. Haltbar 3–4 Tage.
Anwendung: Lösung vorher 1–2-mal umrühren oder schütteln, vor jeder weiteren Anwendung 1–2-mal mehr umrühren/schütteln. Mit einer Einwegspritze ohne Kanüle verabreichen Sie Ihrem Hund 1–2 ml (siehe »Arten der Anwendung«, Seite 11). Fern von ätherischen Ölen aufbewahren.

Hinweis zur Dosierung
Bitte halten Sie sich an die Dosierung je Arznei in diesem Ratgeber. Aufgrund der Verbreitung von Tipps und »Patentrezepten« zur Homöopathie wird inzwischen Missbrauch betrieben, das heißt, manche Hunde erhalten eine oder mehrere Arzneien oder Komplexmittel der Homöopathie (oder Schüssler Salze) über viele Tage, Wochen oder gar Monate. Dadurch kann passieren, dass Ihr Hund eine Arzneiprüfung durchläuft und unter verschiedenen Symptomen leidet, die durch die verabreichte(e) Arznei(en) erzeugt worden sind. Fügen Sie Ihrem Hund keinen Schaden zu durch übermäßige Wiederholungen von homöopathischen Arzneien, sondern dosieren Sie mit Bedacht und gemäß sachkundiger Hinweise.

Wiederholung der homöopathischen Arznei

Faustregel: Je akuter die Beschwerden Ihres Hundes, desto häufiger kann die ähnliche Arznei wiederholt werden. Bessern sich die Beschwerden Ihres Hundes, dann warten Sie ab! Tritt daraufhin wieder Verschlechterung auf, dann wiederholen Sie die Gabe der Arznei. Bei Beschwerdefreiheit keine weitere Arznei geben! Bringt die verabreichte Arznei jedoch keine Besserung, dann suchen Sie die nächstähnlichste Arznei. Je chronischer die Erkrankung, desto seltener sollte der Hund die ähnlichste Arznei erhalten. Bessert sich im chronischen Fall das Allgemeinbefinden Ihres Hundes, wird dieselbe Arznei oder die dann nächstähnlichste Arznei oft erst nach 2, 4 oder mehr Wochen verabreicht. Chronische Prozesse brauchen Zeit und häufig Erfahrung.

Antworten auf häufig gestellte Fragen

Welche Reaktionen sind nach Arzneigabe zu erwarten?
Erstreaktion: Nach homöopathischer Arzneigabe kann gelegentlich eine Erstreaktion auftreten, die nicht gefährlich ist, aber zeigt, dass für den Hund eine unpassende Potenz oder Dosierung (Häufigkeit der Eingabe) gewählt worden ist. Sie zeigt aber auch, dass die Arznei zunächst ähnlich und in der Lage ist, die Selbstheilungskräfte Ihres Hundes zu mobiliseren. Warten Sie mit der nächsten Gabe bis diese Reaktion abgeklungen ist! Tritt eine Erstreaktion auf, so ist sie im akuten Fall oft von kurzer Dauer, bei chronischen Beschwerden (wo sie ggf. verzögert eintreten kann) hält sie Stunden oder einen Tag, seltener 2 Tage an.

Die Arznei hilft: Das Befinden des Hundes bessert sich deutlich. Zuerst tritt oft eine Besserung des Allgemeinbefindens ein, gefolgt von Besserung der Beschwerden, die speziell bei Ihrem Hund aufgetreten sind. Anfängliche Müdigkeit und Ruhe sind positive Zeichen. Es kann – selten im akuten, häufiger im weniger akuten und chronischen Fall – eine Zunahme von Absonderungen stattfinden. Es kann zum vermehrten Heraustreten/Abschuppen von unterdrückten Hautausschlägen, zum vermehrten Absatz von Urin und/oder Kot oder Aushusten von Schleim kommen (je nach Art der Erkrankung und Konstitution). Der Körper »reinigt« sich sozusagen.
Die Arznei hilft anfangs gut, dann nicht mehr: Nach der 1., 2. oder 3. Gabe können sich die Symptome Ihres Hundes verändert haben. Überprüfen Sie, ob eine neue Arznei zu wählen ist, die mehr Ähnlichkeit mit seinen aktuellen Symptomen hat.
Die Arznei hilft nicht eindeutig: Dafür kann es mehrere Gründe geben, vor allem im chronischen Fall. Aber oft hat die Arznei nicht vollständig zum Beschwerdebild des Hundes gepasst. Im akuten Fall muss sofort die nächste, jetzt ähnlichste Arznei gewählt werden. Passiert dies im chronischen Fall, sollten Sie mehrmaligen Wechsel vermeiden und besser einen erfahrenen Homöopathen hinzuziehen.
Die Arznei hilft nicht: Die Beschwerden bleiben bestehen oder verschlechtern sich. Dann ist meistens die Arznei nicht passend und eine neue Arzneiwahl ist erforderlich. Bitte auch die Erstreaktion beachten! Es gibt auch chronisch Kranke, bei denen keine homöopathische Arznei Wirkung zeigt. Hier muss unbedingt ein erfahrener Homöopath zu Rate gezogen werden.

Kann ich mehrere homöopathische Arzneien auf einmal geben?

Bei akuter Erkrankung sind zwei und ggf. drei homöopathische Arzneien erlaubt, aber hintereinander verabreicht, falls die zuerst verabreichte Arznei tatsächlich keine Besserung erwirkt hat (Notizen machen). Dennoch sollten zwei und ggf. drei Mittel besser die Ausnahme bleiben, denn gemäß der Ähnlichkeitsregel ist lediglich die ähnlichste Arznei zu verwenden.

Kann ich neben Homöopathie andere Therapieformen anwenden?

Naturheilmittel: Bachblüten können Sie begleitend anwenden, wobei Sie mit dem Einsatz von Heilkräutern besser abwarten, bis die homöopathische Therapie beendet ist. Kampfer, Kamille, Minze und ätherische Öle (die auch in vielen Kräutern enthalten sind) können die Wirkung homöopathischer Arzneien beeinträchtigen oder sogar aufheben.
Mittel der Schulmedizin können neben Mitteln der Homöopathie angewandt werden, aber besser in Absprache mit dem Tierarzt. Der Einsatz von

Hormonen und Kortison kann die Wirkung der Homöopathie erheblich stören, wobei die daraus resultierenden Nebenwirkungen und künstlichen Folgekrankheiten teils recht gut mit Homöopathie zu bereinigen sind.

Hilfe zur Arzneifindung

Ihr Hund hat sich erbrochen, sogar mit Durchfall, der dünnflüssig ist und ziemlich übel riecht. Im besten Fall wissen Sie den Auslöser: Ihr Hund hat am Wassergraben gestöbert, dessen Wasser gammelig aussieht und unangenehm riecht, und hat wahrscheinlich oder offensichtlich daraus getrunken. Sie finden im Inhaltsverzeichnis »Erbrechen«, blättern unter »Erbrechen durch Futter, Verdorbenes, Medikamente« nach und finden *Arsenicum album* für Ihren Hund passend.

Durch Gammeliges; Trinken aus Tümpeln, Gräben, Pfützen; durch Eiskaltes!, Käse; evtl. mit Durchfall (dünnflüssig, übler Geruch).

Arsenicum album
Dosierung: C30, stündlich, max. 5 Gaben

Sie beobachten, welche Symptome Ihr Hund äußert, und überlegen, was seine Erkrankung »ausgelöst« haben kann (z. B. Kälte, Nässe), denn der »Auslöser« ist an erster Stelle wertvoll! Ähnlich wertvoll wie der »Auslöser« sind alle Symptome Ihres Hundes, welche für die Art der Erkrankung ungewöhnlich oder auffallend sind – das Gleiche gilt für das individuelle Verhalten Ihres Hundes, wenn dieses ungewöhnlich und auffallend ist. Dann beachten Sie die »Bedingungen« (wodurch/wann werden seine Beschwerden besser oder schlechter). Die tierärztliche Diagnose ist zu empfehlen!
Sie finden im Ratgeber zu den Krankheiten beim Hund meistens mehrere Arzneien und daneben ihre Arzneisymptome bei dieser Krankheit. Einige Symptome (z. B. Erbrechen, Durchfall) zu der Erkrankung sind gemäß »Auslöser« aufgeführt. Unter vielen Arzneien lesen Sie deren Bedingungen, bei anderen einen kurzen Hinweis zu deren Arznei-Typ und bei weiteren Arzneien deren besondere Beziehung zu dem/den Organ/en.
Sie schlagen nun unter dem jeweiligen Krankheitsteil nach, vergleichen die Symptome Ihres Hundes mit den Arzneisymptomen der jeweiligen Arznei und wählen die passende bzw. ähnliche Arznei.

DIE HOMÖOPATHISCHE APOTHEKE

Um die passenden Mittel für Ihren Hund zur Hand zu haben, empfiehlt sich eine Taschenapotheke mit häufig gebrauchten homöopathischen Arzneien. Taschenapotheken gibt es im Handel in mehreren Größen und Preislagen (gefüllte und leere). Die bereits gefüllten Taschen enthalten Glasröhrchen mit Arzneien in hohen oder niedrigen Potenzen, aber Sie können sich die Röhrchen auch nach Ihren Wünschen füllen (lassen). Wenn Sie bereits eine gut bestückte Apotheke in D- oder C-Potenzen besitzen, so lesen Sie bitte die Angaben zu Dosierung »in Wasser« (Seite 12). Im Folgenden finden Sie meinen Vorschlag für die kleine Notfallapotheke und die große Hausapotheke in Anlehnung an dieses Buch.

18 Arzneien für die Notfallapotheke

Aconitum C30	Schock, Folgen von Schreck/Schock; hohes Fieber
Apis C30	Insektenstich, Ödeme, Entzündung
Arnica C30	Verletzungen; Überanstrengungen; Kreislauf; nach Geburt
Arsenicum album C30	Durchfall; Futtervergiftung; gefrorenes Futter; Sepsis
Belladonna C30	Häufiges Mittel akuter Erkrankungen; Sonnenbrand
Chamomilla C30	Folgen von Zahnung/wechsel; Hautentzündung
Cantharis D6	Harnwegsinfekt, akut
Cocculus D6	Reisekrankheit: Auto, Bahn, Schiff, Flugzeug
Drosera C30	Ein wichtiges Hustenmittel; heftige, häufige Anfälle
Euphrasia D6	Akute Augenentzündung; Verletzung
Hepar sulfuris D12, C30	Eiterungen aller Art, Entzündung: Kehlkopf, Luftröhre
Hypericum D12, C30	Verletzung von Nerven, Dackellähme; Bandscheibe
Lachesis C30	Schwere Infektionen, Streuung in die Blutbahn
Ledum C30	Stichwunden; Insektenstich
Nux vomica D12, C30	Folgen von Futtermitteln; Magen/Darm; Dackellähme
Pyrogenium C30	Septische Prozesse, faulige Sekrete, nach Geburt
Rhus toxicodendron D12, C30	Verstauchung, Zerrung, Überlastung
Bachblüten Rescue Remedy	Notfalltropfen: Panik, Stress

Aufbewahrung: Homöopathische Arzneien gehören an einen kühlen, trockenen, dunklen Ort und nicht in die Nähe von ätherischen Ölen oder Strahlungsquellen (z. B. Mikrowelle). Auch sollten sie für Kinder unzugänglich aufbewahrt werden.

Für die große homöopathische Hausapotheke für Ihren Hund empfehle ich 57 Arzneien verschiedener Potenzen, die in diesem Buch aufgeführt sind, und womit Sie den größten Teil der häufig auftretenden Beschwerden des Hundes selbst oder begleitend behandeln können.

58 Arzneien für Ihre große Hausapotheke

Abrotanum D4
Acidum nitricum C12
Aconitum C30
Allium cepa D6
Apis C30
Argentum nitricum D12, C30
Arnica C30
Arsenicum album D12, C30
Belladonna C30
Bryonia D12, C30
Calcium carbonicum D12, C30
Calcium phosphoricum D12, C30
Calendula D6, C30
Cantharis D6
Carbo vegetabilis C30
Causticum D12, C30
Chamomilla C30
Cocculus D6
Crategus D2
Drosera C30
Dulcamara D6
Euphrasia D6
Ferrum phosphoricum D12
Gelsemium C30
Graphites C30
Hepar sulfuris D12, C30
Hyoscyamus C30
Hypericum C30
Ipecacuanha D12
Kalium carbonicum D12, C30
Lachesis C30
Ledum C30
Lycopodium C30
Lyssinum C30
Mercurius solubilis D12, C30
Naja tripudians C30
Natrium chloratum C30, C200
Natrium sulfuricum D12
Nux vomica D6, D12, C30
Opium C30
Phosphorus D12, C30
Phytolacca D6, D12
Pulsatilla D6, D12, C30
Pyrogenium C30
Rhododendron D12
Rhus toxicodendron D12, C30
Rumex D12
Ruta D12, C30
Sepia D12, C30
Silicea D6, D12, C30
Spongia D12, C30
Staphisagria C30
Stramonium C30
Sulfur D12, C30
Symphytum D6
Tatarus emeticus D12
Thuja C30
Urtica Urtinktur, D1

Empfehlenswerte Tinkturen, Salben, Augentropfen

Äußerlich

Echinacea-Salbe	Bei schlecht heilenden Wunden!, Ekzem, Hautpilz
Cardiospermum-Salbe	Bei Juckreiz, allergischen Hautbeschwerden
Calendula-Salbe/Tinktur	Bei Quetschung, Riss, frischen und alten Wunden
Symphytum Extern-Salbe	Bei Verletzung der Knochenhaut, Sehnen
Hypericum-Öl/Tinktur	Bei Verletzungen von nervenreichem Gewebe
Hamamelis-Salbe	Bei Analdrüsenentzündung, kleinen Blutungen

Innerlich

Euphrasia-Augentropfen	D3; bei Entzündung/Verletzung der Binde- und Hornhaut
Calendula-Augentropfen	D4; bei eitriger Bindehautentzündung
Hamamelis-Zäpfchen	Bei Analdrüsenentzündung, -abszess
Urtica Urtinktur	Zur Entgiftung, Stoffwechselstörungen
Taraxacum	Bei Leber-Gallebeschwerden, unterstützend, entgiftend
Carduus marianus	Bei Leberbeschwerden, auch Galle, entgiftend

Bezugsquelle für Taschenapotheken

Homöopathie-Versand; Frau Holle; München; Tel: 089-7911 717, www.homoeopathie-versand.de, Fax: 089-7911 771. Gute Auswahl von Taschenapotheken, individuelle Beratung.

Bezugsquelle für die Füllung mit Arzneien

Klösterl Apotheke; Herr Zeise; München; Tel: 089-54343 219; www.kloesterl-apotheke.de; Fax: 089-54343 219.
Gutes Sortiment, große und kleine Mengen, auch Gläschen bis zu 50 g.

Hinweis: Das Zeichen * steht im Buch hinter einigen homöopathischen Arzneien, die Sie in den vorgestellten Haus- und Notfallapotheken nicht finden. Die homöopathischen Nosoden *Lyssinum* und *Psorinum* und weitere können über die Altstadt-Apotheke Amberg oder Odilien-Apotheke Eschweiler bestellt werden, letztere bietet auch die Herstellung von speziellen Nosoden (z. B. des Impfstoffes) an.

ERSTE HILFE DURCH HOMÖOPATHIE

Unabhängig davon, ob es sich um Fieber oder um eine Verletzung handelt, weswegen Sie mit dem Hund zum Tierarzt müssen oder nicht, können Sie mit Homöopathie Erste Hilfe leisten. In diesem Kapitel finden Sie homöopathische Arzneien, die anzuwenden sind, bis sachkundige Hilfe bereitsteht, oder auch als begleitende und nachfolgende Maßnahme. Um Ihnen möglichst viele Arzneien vorstellen zu können, wurde auf die Beschreibung der einzelnen Erscheinungsbilder verzichtet. Erste Hilfe für den seelischen Schock für Hund und Mensch: 2–4 Tropfen Bachblüten Rescue Remedy.

Ruhewerte beim Hund

Atemfrequenz	
Kleine Hunde und Welpen	30–50-mal pro Minute
Große Hunde	20–30-mal pro Minute
Herzschlag	
Kleine Hunde und Welpen	80–120-mal pro Minute
Große Hunde	ca. 80-mal pro Minute
Körpertemperatur	
Kleine Hunde und Welpen	38,5°–39,5° C
Große Hunde	37,5°–39,2° C

(Bei heißem Wetter, großer Aufregung und Anstrengung kann die Temperatur ca. um ein halbes Grad ansteigen.)

Fiebermittel

Fieber mit Unruhe und Angst, oft hohes Fieber, stürmischer Beginn einer Erkrankung; Puls rasch, voll, kräftig; viel Durst, berührungsempfindlich.
Auslöser: kalter, trockener Wind, Ostwind.

Aconitum
Dosierung: C30, ¼-stündlich, max. 4 Gaben

Fieber mit Hecheln, der Hund ist heiß und schwitzt, vor dem Fieber oft gereizt, heftig oder wie benommen, plötzliches Fieber, z. B. durch Kaltwerden, bei Entzündung.

Belladonna
Dosierung: C30, ¼-stündlich, max. 5 Gaben

Ferrum phosphoricum
Dosierung: D12, ½-stündlich, oder 2–3-mal täglich, max. 6 Gaben

Fieber wird kaum bemerkt, der Hund ist evtl. munter, aber heiß, oder aber matt, sonst keine körperlichen Anzeichen, teils hohes Fieber, oft verschleppte/wiederkehrende Krankheit der Atemwege.

Chamomilla
Dosierung: C30, stündlich, max. 4 Gaben

Fieber der Jungen, besonders bis zum halben Jahr, Hund ist unleidlich, bockig, teils widerwärtig-trotzig, Kopf ist heiß. Vor allem durch Kaltwerden, Zahnung/wechsel.

Lachesis
Dosierung: C30 in Wasser, ½-stündlich, max. 4 Gaben

Schwere Infektion, oft hohes Fieber, Streuung von Erregern/Toxinen in die Blutbahn, Herz-Kreislaufschwäche, viel Durst, wenig Appetit, berührungsempfindlich.

Verletzungen im/am Auge

Immer sofort zum Tierarzt! Die Homöopathie hat sich hier begleitend sehr bewährt!

Arnica
Dosierung: C30, 2-stündlich, max. 4 Gaben, oder nachträglich 2-mal täglich, max. 4 Gaben

Bestens bei Augenverletzung durch Trauma, vor oder nach *Euphrasia*! Beide können Trübungen nach Hornhautverletzung vorbeugen und sie nachträglich aufhellen.

Euphrasia
Dosierung: D6, stündlich, oder 2–3-mal täglich, max. 10 Gaben

Hornhautwunden; nachweislich sehr gut wirkend, wenn baldmöglichst gegeben; viel Tränenfluss nach Verletzung; auch schleimige Absonderung.

Staphisagria
Dosierung: C30 in Wasser, 4-mal täglich, max. 4 Gaben

Nach Schnittverletzung, nach Augenoperation (auch Laser), jede schneidende Durchtrennung. Gemeinsam mit *Euphrasia*-Augentropfen.

Ruta
Dosierung: D12, 4-mal täglich, max. 4 Gaben

Knochenhaut: Angezeigt, wenn die Haut der um die Augenhöhle befindlichen Knochen (mit) verletzt ist.

Verletzung durch Fremdkörper, auch Folgen von Schock (zurückliegender: C200, 1-mal täglich, max. 2 Gaben).

Aconitum
Dosierung: C30, akut ½-stündlich, max. 3 Gaben

Wunden durch Stich

Passt auch zu *Staphisagria* (Wunden durch Schnitt).

Stichwunden aller Art, Insektenstiche, Spritzenabszess; Stiche durch spitze Gegenstände. Kann sehr anschwellen, sich auch entzünden.
Verschlechterung: Wärme und Hitze.

Ledum
Dosierung: C30, 3-mal täglich, max. 3 Gaben

Insektenstich, auch Stichwunden mit evtl. großer Schwellung (teigartig, weich, wie ein Ballon, stark angespannt). Bei Bienenstich C200 oder besser *Ledum* und *Aconitum*.
Verschlechterung: Jede Wärme!

Apis
Dosierung: C30 in Wasser, stündlich, max. 3 Gaben

In nervenreiches Gewebe, vor allem Kopfbereich, Geschlechtsteile, kann Infektionen vorbeugen. Auch bei Prellung, Quetschung, z. B. der Wirbelsäule.

Hypericum
Dosierung: C30, 2-stündlich, max. 3–4 Gaben

Wunden durch Schnitt

Schnitt-Wunden; »Einschnitte«, Kastration und ihre Folgen, zur Verbesserung der Darmtätigkeit nach Darmoperation; in Folge Insekten-/Flohstichen.

Staphisagria
Dosierung: C30, in Wasser, stündlich, max. 4 Gaben

Wunden mit Blutaustritt, Einblutung ins Gewebe, zur Vor- und Nachsorge bei Operation, Sterilisation, Kastration, Geburt; verhütet Wundinfektionen.
Verschlechterung: Berührung, Liegen.

Arnica
Dosierung: C30, 2-stündlich, max. 4 Gaben

Wunden durch Riss, Quetschung

Passt auch zu *Hypericum* (Wunden durch Stich).

Calendula **Dosierung:** C30, 2-stündlich, max. 4 Gaben	Risswunden, Quetschungen mit Gewebezerstörung, mit Einblutung ins Gewebe; schlechte Wundheilung; frische/alte Wunden. Äußerlich: Salbe/Tinktur (1:10 mit Wasser).
Arnica **Dosierung:** C30, 2-stündlich, max. 4 Gaben	Frische Wunden, Blutaustritt, Weichteile, Trauma durch Verletzungen, Hautrisse; Quetschungen zur Heilung nach der Geburt!
Bellis perennis* **Dosierung:** D6, akut 2-stündlich, oder 2–3-mal täglich, max. 10 Gaben	Quetschungen im tieferen Gewebe; auch gut nach chirurgischem Eingriff (Rumpf), nach schwerer Geburt, zur Heilung nach Operation der Weichteile, nach Kastration.
Hamamelis* **Dosierung:** D6, 2-stündlich, oder 2–4-mal täglich, max. 8 Gaben	Dunkle Blutung, die immer wieder sickert, frische oder entzündete Wunden; auch äußerlich als Tinktur (1:12 mit abgekochtem Wasser).

Wunden, die eitern

Mercurius solubilis **Dosierung:** D12, stündlich, max. 4 Gaben, oder 4-mal täglich, 4 Gaben	Drohende Eiterung bei Entzündung, Pyodermien; blutige, nässende, schmierige, ätzende Wunden, die zu eitern drohen!, oft stark geschwollen aktive Entzündung, oft übelriechende Sekrete.
Hepar sulfuris **Dosierung:** D12, 3-mal täglich, max. 4–5 Gaben	Wenn der Eiter kommt, bei Eiterung (Entzündung/Pyodermien), Höhepunkt der Eiterung, auch zur Nachbehandlung. Oft (extrem) berührungs- und kälteempfindlich.

Zu langwierige Eiterung, subakute bis chronische Eiterung, zur Ausheilung, Einschmelzung eitriger Prozesse, Abszesse (auch zur Nachbehandlung).

Silicea
Dosierung: D12, 3-mal täglich, max. 4–5 Gaben

Wunden bei schlechtem Allgemeinbefinden

Lokale Infektion; Mattigkeit, evtl. auch mit Unruhe, oft Fieber, Streuung von Erregern/Toxinen in die Blutbahn, schmierig-blutige-eitrige Absonderung, übler Geruch.

Lachesis
Dosierung: C30, stündlich, max. 3 Gaben

Allgemeininfektion, hohes Fieber/langsamer Puls oder kaum Fieber/rascher Puls, Sepsis, Schwellung der Haut, Sekrete: blass, grau-grün, extrem fauliger Geruch.

Pyrogenium
Dosierung: C30, stündlich, max. 3 Gaben

Verletzung: Schlag, Prellung, Sturz

Weichteile mit Bluterguss ins Gewebe (1. Mittel), auch bei Gehirnerschütterung (Hund wirkt wie betäubt).

Arnica
Dosierung: C30, 2-stündlich, max. 3 Gaben

Nervenreiche Körperpartien, mit großen Schmerzen, vor allem Kopfbereich, Rückenmark, gut bei Gehirnerschütterung.

Hypericum
Dosierung: C30, 2-stündlich, max. 3 Gaben

Muskeln; Sehnen, evtl. vor/nach *Arnica* oder *Ruta*, Bewegungsdrang trotz Schmerzen. Lahmgehen bessert sich mitunter beim Gehen.

Rhus toxicodendron
Dosierung: C30 in Wasser, 3-mal täglich, max. 4 Gaben

Knochenhaut, Gelenke, Sehnen, auch Schleimbeutel, Schwäche, Lahmgehen wird schlimmer durch jede Anstrengung.

Ruta
Dosierung: C30, 2–3-mal täglich, max. 3–4 Gaben

Symphytum*
Dosierung: D6, 3-mal täglich, max. 10 Gaben

Knochen, Knochenhaut sowie Gelenke, jede Knochenverletzung; 1. Mittel zur Mit-/Nachbehandlung nach Knochenbruch!

Ledum
Dosierung: C30, 2-mal täglich, maximal 3–4 Gaben

Untere Gliedmaßen, Prellung mit Bluterguss vor allem in den kleineren Gelenken, Schwellung und deutlicher Besserung (Schmerz, Lahmgehen) durch kalte Umschläge!

Verletzung: Zerrung, Verstauchung, Überanstrengung

Arnica
Dosierung: C30 in Wasser, 3-mal täglich, max. 4 Gaben

Überanstrengte Muskeln, auch Sehnen, auch Zerrungen/Verstauchungen und Folgen davon, Lahmgehen, auch so, als hätte der Hund Muskelkater, mag keine Berührung.

Rhus toxicodendron
Dosierung: C30 in Wasser oder D12, 3-mal täglich, max. 3–4 Gaben

Gezerrte Muskeln und Sehnen, auch Verstauchung/Überanstrengung, oft schlechter im Beginn des Gehens, Besserung bei leicht fortgesetztem Gehen.
Verschlechterung: Stillstehen, Kälte, Nässe.

Ruta
Dosierung: C30, 3-mal täglich, max. 3 Gaben

Gelenke und Sehnen, Sehnenzerrung, chronisch überanstrengte Sehnen!, verstauchte Gelenke (bes. untere Gliedmaßen), Verrenkung, Schwellung; schwache Gelenke.

Bryonia
Dosierung: C30, 1-mal täglich, max. 4 Gaben

Muskeln und Sehnen sowie Gelenkkapseln, Verstauchung; geht lahm, bewegt sich nicht oder stocksteif, jede Bewegung schmerzt!, läuft sich nicht ein; besser nach Ruhe.

Folgen von Impfungen

Thuja
Dosierung: C30, je 1-mal, vor/nachher

Ist eine oft bewährte Arznei bei Folgen von Impfung, z. B. Schwellung (z. B. Beine), Mattigkeit, Husten!, Durchfall, Augenkatarrh, Atembeschwerden. Hilfreich ist auch, den Impfstoff zu potenzieren (siehe Seite 18, Hinweis).

Vorher bewährt, wenn der Hund große Angst vor Spritzen hat. Nachher vor allem, wenn Folgendes auftritt: z. B. Schwellung, Ängstlichkeit, Durchfall, Beschwerden der Haut, des Bewegungsapparates.

Silicea
Dosierung: C30,
je 1-mal, vor/nachher

Tollwut, sehr hilfreich; viele Hunde haben nach Tollwutimpfung mehr Zecken als sonst; haben ungewohnt Angst vor Wasser.

Lyssinum
Dosierung: C30,
2-mal nachher

Beschwerden der Haut, Atemwege oder des Darms nach Impfung, evtl. ungenehm starker Körpergeruch. Nicht gemeinsam mit Silicea!

Sulfur
Dosierung: C30,
1–2-mal nachher

Folgen von Narkose

Vor und nach jeder Operation, beste Vorbeugung, damit die Wunden gut heilen, auch vorbeugend vor Bluterguss nach Einblutung ins Gewebe.

Arnica
Dosierung: C30,
1-mal vorher,
1-mal nachher

Wie berauscht, wie betäubt, wird nicht recht wach, evtl. zu hoch dosiertes Narkosemittel, jault, gibt anders Laut; Harnverhalten und/oder Kotverhalten ist möglich.

Opium
Dosierung: C30,
max. 3 Gaben

Magen-Darmprobleme nach der Narkose, bewährt, wenn der Hund danach keinen Kot absetzen kann, evtl. auch bei Harnverhalten; Erbrechen, klammes Gehen, Zittern, Untertemperatur sind möglich.

Nux vomica
Dosierung: C30,
stündlich,
max. 3 Gaben

Leidet sehr stark, jault und gibt leidende Laute von sich, sobald er zu sich kommt. Lässt sich durch Nähe/Streicheln beruhigen oder wird aggressiv bei Berührung.

Chamomilla
Dosierung: C30,
stündlich,
max. 3–4 Gaben

Phosphorus
Dosierung: C30, 1-mal vorher, 1-mal nachher

Vor Narkose geben, das hilft sehr, sie ohne Probleme zu überstehen, nach Narkose passt *Phosphor* zu: kommt nur langsam zu sich, zittert, ist aufgeregt oder leicht verwirrt, evtl. Taumeln, Erbrechen.

Hyoscyamus
Dosierung: C30, stündlich, max. 2–3 Gaben

Völlig außer sich, Jaulen, Wimmern, Laute wie eine Katze, läuft verwirrt umher, kommt nicht zu sich, liegt wie bewusstlos, Folge von zu viel Narkosemittel.

Folgen von starker Hitze, Sonne

Hund sofort in den Schatten bringen, Wasser geben, nasse Tücher, beruhigen.

Belladonna
Dosierung: C30, alle 10 Minuten, max. 2 Gaben

Sonnenbrand; sehr bewährt, sowohl Hautbrand als auch Überhitzung des Gehirns durch Sonne (ähnlich wie Sonnenstich), heiße Haut, matt, gereizt oder erregt oder apathisch.
Besserung: Ruhe, Schlaf.

Apis
Dosierung: C30, alle 10 Minuten, max. 3 Gaben

Sehr berührungsempfindlich; Schmerzlaute; Kühlung bessert sehr!; kaum/kein Durst; unruhig, schläfrig, benommen (Hirnreizung).

Lachesis
Dosierung: C30, sofort 1-mal, ggf. 2. Gabe

Plötzliche Schwäche, Unruhe bis Panik oder Kollaps, auch schwach + ruhelos, viel Durst, mag keine Berührung. Herz-Kreislauf.
Verschlechterung: Nach dem Schlafen.

Pulsatilla
Dosierung: C30, ½-stündlich, max. 2 Gaben

Lieber, anhänglicher, nähesuchender Hund, dessen Befinden sich durch Sonne (Wärme, Hitze) stets verschlechtert und durch frische Luft und Kühlung bessert. Wechselhaftes Befinden und Verhalten, eher wenig Durst.

AUGEN

Bindehautentzündung (Konjunktivitis)

Häufige Ursachen: Bakterien, Fremdkörper (z. B. Staub, Haare), Zugluft, Verletzung, Kälte, Reibung, Viren, Pilze. Blinzeln, halboffenes Auge, Augenreiben (z. B. mit der Pfote), gerötete Bindehäute (auch geschwollene), klar-wässrige bis schleimig-gelbliche Absonderungen. Konjuktivitis kann eitrig oder nichteitrig sein, und in Begleitung anderer Augenleiden und allgemeiner Infektionen auftreten.

Bindehautentzündung, mit Tränenfluss

Vermehrter Tränenfluss kann auch durch Verschluss des Tränennasenganges verursacht werden.

Reichlich Tränen, können die Haut unter den Augen sehr reizen; lichtempfindlich; Blinzeln; Juckreiz; Schwellung der Lidränder; Tränenfluss bei Erkältung.
Auslöser: Frost!, Kälte, Wind!, Verletzung.

Euphrasia
Dosierung: D6, 2–4-mal täglich, max. 10 Gaben

Akuter Augenkatarrh, starkes Tränen, Rötung, licht- und berührungsempfindlich.
Verschlechterung: Berührung, Unterdrückung von Absonderungen.
Auslöser: Schneelicht/-luft, Nord/Ostwind, Verletzung.

Aconitum
Dosierung: C30, 1–3-mal täglich, max. 3 Gaben

Tränenreichstes Mittel mit Beziehung zum Tränen-Nasen-Kanal; Juckreiz, Schwellung, Hautreizung. Anhänglich, leidet auffallend, liebt den Trost.
Verschlechterung: Im Zimmer, Wärme.
Auslöser: Zugluft!, Wind!

Pulsatilla
Dosierung: C30 in Wasser, 2-mal täglich, max. 3–4 Gaben

Allium cepa
Dosierung: D6, 2-mal täglich, max. 5 Tage

Die Tränen laufen reichlich, sie machen aber die Haut nicht wund; Blinzeln, lichtscheu.
Verschlechterung: Im Zimmer, in Wärme.

Natrium chloratum
Dosierung: C30, 1-mal täglich, max. 3 Tage

Viel Tränenfluss, besonders im kalten Wind; Hautreizung; Schwellung. Der reservierte Typ, der gut allein sein kann, keine Nähe von Fremden mag, viel trinkt und Salziges liebt.
Auslöser: Allergien, Frühjahr, Kummer.

Rhus toxicodendron
Dosierung: C30 in Wasser, 2-mal täglich, max. 4 Gaben

Sehr empfindlich gegen Nässe, Kälte, Zugluft. Lichtscheu; zugekniffenes Auge; wundmachende Tränen; Schwellung (Lider, Bindehaut), Rötung.

Bindehautentzündung mit Tränen, Schleim

Euphrasia
Dosierung: D6, 2–4-mal täglich, max. 10 Gaben

Klar-wässrige Absonderungen, die oft Hautreizung verursachen; selten Eiter; lichtempfindlich; Blinzeln; Juckreiz; Schwellung der Lidränder.

Euphrasia-Augentropfen
Dosierung: 1–2-mal täglich, 2 Tropfen, max. 5–6 Tage

Helfen dem Hund bei Konjunktivitis. Geben Sie 2 Tropfen in den Bindehautsack des erkrankten Auges.

Belladonna
Dosierung: C30 in Wasser, 2-mal täglich, max. 3 Gaben

Heftige Entzündung; starke Rötung; sehr lichtscheu; Blinzeln, Zukneifen des Auges, Schütteln des Kopfes ist möglich; wenig Tränen; viel Durst. Gereiztes Verhalten vor dem Krankwerden.
Auslöser: Kaltwerden, Zugluft, starkes Sonnenlicht.

Apis
Dosierung: C30 in Wasser, 2-mal täglich; max. 4 Gaben

Glasiges Aussehen der Bindehaut/der Lider; helle Rötung; viel Tränen, Schleim, Juckreiz; mögliche, teigartige Schwellung des Lides, um die Augen.
Verschlechterung: Wärme, Licht, Berührung.

Bindehautentzündung mit eitrigen Absonderungen

Starke Rötung; dunkelrot; Lider geschwollen; dünn-eitriger Schleim; Schwellung (Lider, innerer Augenwinkel) und Mattigkeit mit Unruhe ist möglich.
Besserung: Im Freien, Kühlung.

Argentum nitricum
Dosierung: D12, 2-mal täglich, max. 4–5 Gaben

Der wechselhafte Typ, zu 95 % liebe, anhängliche Typ; rahmartige, auch dick-eitrige Absonderung; Augen morgens verklebt, Schleim hängt an den Augen, Lider häufig geschwollen rot; Juckreiz, gelbgrüne Sekrete.
Besserung: Im Freien bei frischer Luft.

Pulsatilla
Dosierung: D12 in Wasser, 2-mal täglich, max. 4–5 Gaben

Sehr berührungsempfindlich; schmerzempfindlich, lichtscheu, Rötung, dicke gelb-eitrige, auch harte Absonderung; Krustenbildung an den Lidern ist möglich.
Verschlechterung: Berührung; kalte, trockene Luft; Kälte allgemein.

Hepar sulfuris
Dosierung: D12, 2-mal täglich, max. 4–5 Gaben

Scharfe, wundmachende Absonderungen, die Hautreizung verursachen; dünn-eitriger Schleim; Blinzeln; sehr lichtscheu; Zukneifen der Augen.

Mercurius solubilis
Dosierung: D12, 2-mal täglich, max. 4 Gaben

Hochrote Bindehaut, auch Rötung der Lider; häufig erst Trockenheit, dann Tränenfluss; Schleim; Eiter; viel Juckreiz. Auch wiederkehrende Entzündung.

Sulfur
Dosierung: D12 in Wasser, 2-mal täglich, max. 4 Gaben

Viele Tränen, besonders im Freien; Schwellung des Tränen-Nasen-Kanals, des Tränensackes; Juckreiz. Viel gebraucht bei Allergien.
Auslöser: Zugluft!, Wind, Kälte.

Silicea
Dosierung: D12, 1–2-mal täglich, max. 4 Gaben

OHREN

Entzündung des äußeren Gehörgangs (Otitis externa)

Ursachen: Häufiges Baden, Luftzug, Fremdkörper, Ohrmilben, Bakterien, Pilze, Allergien, Allgemeinerkrankungen, Hormonstörung. Erste Symptome: Kopfschütteln, Kratzen/Reiben im Ohrbereich, Schmerzlaute bei Berührung des Ohres, Unruhe, Kopfschiefhaltung. Später sind Ohrenschmalz/-ausfluss mit/ohne (üble) Geruchsbildung, Anschwellung bis zu Eiterfluss und Fieber möglich. Äußerlich: Gründliche Reinigung des Ohrs mit Watte, dann auftragen von Calendula-Tinktur (1:5) mit sauberer Watte.

	Entzündung des äußeren Gehörgangs, akutes Stadium
Aconitum **Dosierung:** C30, 2-stündlich oder 2–3-mal täglich, max. 2–3 Gaben	Urplötzlicher Beginn mit Unruhe und Angst, z. B. durch trockenen, kalten Wind (Ost, Nordost), Zugluft, Schreck, Schock. Extreme Berührungsempfindlichkeit, ggf. Schreien vor Schmerzen, Hitze, ggf. Rötung, Schwellung, Durst, Fieber. Auch Innenohr. **Verschlechterung**: Nachts, laute Geräusche.
Belladonna **Dosierung**: C30, 2-stündlich oder 2–3-mal täglich, max. 3 Gaben	Akut, plötzlich, heftig: spürbar heiße Ohren, (starke) Rötung, (heftige) Schmerzen bei Berührung, Abwehr bis Aggression. Heftige Anzeichen, z. B. Kopfschütteln, Unruhe. Noch ohne Eiterung. Auch Innenohr. Eher rechts als links. **Auslöser**: Baden, Infektion, Erkältung.
Chamomilla **Dosierung**: C30, 2-stündlich oder 2–3-mal täglich, max. 3 Gaben	Leidet unendlich, zornig oder jaulend bei Berührung wegen Schmerzüberempfindlichkeit, reizbar, unruhig, launisch, Nerven »liegen blank«, ggf. einseitige Wärme oder Rötung, ggf. Schwellung. Eher links als rechts. **Verschlechterung**: Berührung, nachts.

Entzündung des äußeren Gehörgangs, weiniger akut oder chronisch

Lieber, anhänglicher Hund, leidet, Trösten bessert, Ohrenbeschwerden sind wechselhaft: Kopfschütteln, Kratzen, ruhelos, warme Ohren, Ohrensekret/-belag (gelb, gelbgrün, braun, schwärzlich) ist nicht wundmachend, wenig Durst.
Verschlechterung: Wärme.

Pulsatilla
Dosierung: C30 in Wasser, 1–2-mal täglich, max. 3 Gaben

Sehr schmerz-/berührungsempfindlich, wehrhaft bis aggressiv, Eiterung, Sekrete/Beläge riechen übel nach altem Käse oder sauer und machen wund. Wärme bessert.
Verschlechterung: Kälte, kalter Luftzug.

Hepar sulfuris
Dosierung: C30 in Wasser, 2-mal täglich, max. 3 Gaben

Chronische Beschwerden mit eitrigen Sekreten/Belägen, stinkender Ohrenfluss, dünnflüssig, wundmachend, weniger berührungs-, aber geräuschempfindlich. Auch Innenohr, Taubheit. Folgsamer, nachgiebiger, sensibler Hund.
Verschlechterung: Zugluft, Kaltwerden.

Silicea
Dosierung: D12, 1–2-mal täglich, max. 5 Gaben

Starker Juckreiz, schlechter durch Warmwerden, Wasser. Trockene Haut, kratzt sich blutig, Ohr/en heiß, rot, Sekrete/Beläge übel riechend bis stinkend, ggf. riecht der ganze Hund. Periodische wiederkehrende Beschwerden, z. B. infolge Antibiotika, Kortison.
Verschlechterung: Nachts, Wärme.

Sulfur
Dosierung: D12, 1–2-mal täglich, max. 4–5 Gaben

Faulig oder wie Jauche riechende Sekrete/Beläge, dünnflüssig, bräunlich-eitrig, auch bräunliche Schuppen, Krusten, (extremer) Juckreiz, kälte-/schmerzempfindlich.

Psorinum
Dosierung: C30 in Wasser, 1-mal täglich, max. 2–3 Gaben

ATEMWEGE

Schnupfen, Nasenkatarrh (Rhinitis)

Gleichmäßiger Nasenausfluss (wässrig, schleimig, eitrig); Niesanfälle, Nase reiben, schniefende, schnarchende Atmung. Häufigste Ursachen: Erkältung, Allergie, Fremdkörper; auch Zwingerhusten, Staupe.

	Schnupfen, wässrig
Aconitum **Dosierung:** C30 in Wasser, 2-stündlich, max. 3 Gaben	Plötzlich aufkommende Erkältung, vor allem durch kalten, trockenen Wind, kaum/wenig Schweiß, ggf. Fieber, ängstliche Unruhe.
Nux vomica **Dosierung:** C30 in Wasser, 2-stündlich, max. 3–4 Gaben	Durch trockene Kälte; durch Nässe; Juckreiz; viel Niesen; Ausfluss vermehrt in Wärme, nach dem Fressen sucht warme Plätze! **Besserung:** Wärme.
Allium cepa **Dosierung:** D6, stündlich, max. 8 Gaben	Schnupfen mit tränenden Augen, Niesen, vor allem im Raum; wunder Nasenspiegel; evtl. mit Kitzelhusten. Auch bei Allergie. **Besserung:** Im Freien.

	Schnupfen, schleimig bis eitrig
Lachesis **Dosierung:** C30 in Wasser, 2-stündlich, max. 3 Gaben	Frühjahrsschnupfen; dick-/dünnflüssiger Schleim; evtl. Kitzelhusten; Fieber; berührungsempfindlicher Hals; viel Durst.
Arsenicum album **Dosierung:** C30 in Wasser, 2-stündlich, max. 3 Gaben	Winterschnupfen; z. B. Abkühlung nach Erhitzung; Ausfluss (wässrig, schleimig, eitrig); Juckreiz; häufig Durst. Akut und chronisch. **Besserung:** Wärme.
Hepar sulfuris **Dosierung:** C30 in Wasser, 2-stündlich, max. 3 Gaben	Kaltwetter-Schnupfen, kalte Luft, kalter Wind; erst wässriger, dann gelb-eitriger Ausfluss; lang andauernder Schnupfen.

Besserung im Freien; dicker, gelblicher Nasenschleim; Juckreiz; evtl. Seitenwechsel. Anhänglich.
Verschlechterung: Wärme.

Pulsatilla
Dosierung: C30 in Wasser, 2-stündlich, max. 3 Gaben

Schnupfen nach Impfung; wässriger, schleimiger, eitriger Schnupfen; häufig lang andauernd.
Verschlechterung: Nässe, Kälte.

Thuja
Dosierung: C30 in Wasser, 2-mal täglich, max. 3 Gaben

Schnupfen beim jungen Hund (Zahnung/Zahnwechsel), auch durch Kaltwerden (Rotlichtlampe).
Besserung: Autofahren, beim Tragen.

Chamomilla
Dosierung: C30, 2-stündlich, max. 3 Gaben

Mandelentzündung (Tonsillitis)

Häufige Symptome: Schluckbeschwerden, geringer Appetit, Gähnen, Würgen mit/ohne Erbrechen, Speichelfluss, Fieber, Müdigkeit, Schmerz- und Berührungsempfindlichkeit der betroffenen Mandel(n); ein- oder beidseitig. Ursachen: Bakterien, Viren. Pflege: Wollschal, angewärmtes Wasser (Napf) mit etwas Honig.

Mandelentzündung, erstes Stadium

Plötzliche Schluckbeschwerden; viel Durst auf Kaltes; Würgen bis Erbrechen; Mandeln berührungsempfindlich; Fieber; Schweiß; häufig reizbar vor Erkrankung, oft rechtsseitig.
Verschlechterung: Kälte; Gerüche; Aufregung.
Auslöser: Kaltwerden; Haarschur, -trimmen.

Belladonna
Dosierung: C30 in Wasser, stündlich, max. 4 Gaben

Wärme verschlimmert!; kaum Durst, kann nicht schlucken, aber Milch kann gut tun; teigartige Schwellung; berührungsempfindlich; würgt wie erstickend; erbricht; Fieber.
Besserung: Kühlung, kühle Räume.

Apis
Dosierung: C30 in Wasser, stündlich, max. 4 Gaben

Phytolacca
Dosierung: D12, stündlich oder 2-mal täglich, max. 5 Gaben

Schluckschmerz, der in die Ohren zieht; Kopfschütteln; Fressen ist unmöglich; kaltes Wasser tut gut; Würgen/Erbrechen; Zähneknirschen; heißer Kopf; Fieber.
Verschlechterung: Angewärmtes Wasser.

Lachesis
Dosierung: C30 in Wasser, 2-stündlich, max. 3 Gaben

Futter wird besser geschluckt als Wasser; lehnt Wasser oft ab; Schal oder Berührung am Hals sind unerträglich; evtl. Speichelfluss; Fieber; matt oder überaktiv; eifersüchtiger Typ. Oft linksseitig; von links nach rechts.
Verschlechterung: Nach Schlaf/Ruhe; Wärme.

Mercurius solubilis
Dosierung: C30 in Wasser, 2-stündlich, max. 4 Gaben

Übler Mundgeruch; viel Speichel; Speichelschlucken/-würgen/-erbrechen; viel Durst; appetitlos; Mandeln sind eitrig; deutliche Schwellung; Fieber; Schweiß.
Verschlechterung: Nachts, Warmwerden.

Mandelentzündung, wiederholt auftretende

Barium carbonicum*
Dosierung: C30 in Wasser, 2-stündlich, max. 4 Gaben

Mandelentzündung mit Speichelfluss, bei jeder Erkältung; geschwollene, harte, auch eitrige Mandeln; kann nur Wasser schlucken; Würgen; auch Husten. Unentschlossener, scheuer Typ.

Reizhusten, nervöser

Ein durch Nervosität, Freude, Furcht, Schreck oder Kummer ausgelöster, unregelmäßig auftretender, trockener Hustenreiz, ohne Störung des Allgemeinbefindens. Obacht: Herzkranke Hunde können auch unter Reizhusten (Herzhusten) leiden.

Ambra*
Dosierung: D12, 1–2-mal täglich, über 5 Gaben

In Gegenwart anderer, er »fremdelt«; durch Kummer (auch des Halters); Husten gefolgt von Aufstoßen.
Verschlechterung: Musik.

Hysterischer Husten; steigert sich in den Hustenreiz hinein; akuter Kummer (auch des Halters); ab und zu tiefes Luftholen.
Verschlechterung: Zigaretten/Pfeifenrauch.

Ignatia
Dosierung: C30, 1-mal täglich, ca. 3 Tage

Durch Bellen; durch Aufregung, Freude, Stress, Fressen; hohl klingender Reizhusten; evtl. asthmatische Atmung.

Phosphorus
Dosierung: D12, 1-mal täglich, max. 4 Tage

Kehlkopfentzündung (Laryngitis)

Hustenreiz; Würgen (als ob etwas im Hals steckt!), Abschlucken, auch Erbrechen von Schleim, Atemgeräusche, Heiserkeit. Häufige Auslöser: Erkältung, ständiges Bellen, Verletzung (Holzstöckchen, starker Leinenzug); auch im Gefolge von z. B. Bronchitis, Zwingerhusten.

Kehlkopfentzündung, akutes Stadium

Sehen Sie auch *Hepar sulfuris* »späteres Stadium«.

Durch Kälte, kalten Wind (oft Nordost) ausgelöst; ängstliche Unruhe; heiser-krampfartiger Husten; Würgen ohne Erbrechen; Durst.

Aconitum
Dosierung: C30 in Wasser, 2-stündlich, max. 3 Gaben

Plötzlicher Hustenreiz; krampfartig-hohl-heiser, in Pausen wiederkehrend und vergehend; als wäre ein Fremdkörper im Hals; Schluckreiz; Würgen; Herzklopfen; viel Durst.
Auslöser: Kälte, Haarschur, Erschütterung.

Belladonna
Dosierung: C30 in Wasser, 2-stündlich, max. 3 Gaben

Fressen bessert!, Wasser wird abgelehnt; hustet/würgt durch Halsberührung; hustet/würgt nach dem Schlafen; Fieber ohne Schweiß; viel Durst. Speichelfluss.
Verschlechterung: Schlaf, Wärme.

Lachesis
Dosierung: C30 in Wasser, 2-stündlich, max. 3 Gaben

	Kehlkopfentzündung, späteres Stadium
Spongia **Dosierung:** D12, 2-stündlich, max. 5 Gaben	Rau klingender Reizhusten, wie würgend, wie erstickend, Fressen/Saufen bessern; Atemgeräusche als wäre die Kehle zu eng. **Verschlechterung:** Bewegung, Schlaf.
Hepar sulfuris **Dosierung:** C30 in Wasser, 2-stündlich, max. 3 Gaben	Husten, sobald kalte Luft eingeatmet wird; rauer-heiser-rasselnder Hustenreiz bis zum Erbrechen; würgt trocken oder Schleim; bellt heiser; kurzatmig; mehr Durst als Hunger. **Verschlechterung:** Kälte, Luftzug.
Phosphorus **Dosierung:** C30, 2-stündlich, max. 3 Gaben	Heiseres Bellen bis Stimmverlust; Kitzelhusten (hohl, heiser) mit Reizung durch Kälte, Fressen, Aufregung, Liegen; viel Durst auf Kaltes. Empfindlich, furchtsam, anhänglich. **Besserung:** Ruhe, Schlaf.
Kalium bichromicum* **Dosierung:** D12, 2-stündlich, max. 4 Gaben	Als ob etwas im Halse steckt; Würgereiz, doch es kommt kaum/kein Schleim; Schleim ist zäh-fadenziehend; rau-harter Husten. **Verschlechterung:** Kälte.
Rumex **Dosierung:** D12, 2-stündlich, max. 3–4 Gaben	Extrem kälteempfindlich; krampfartiger Hustenreiz, sobald er vom Zimmer ins kühle/kalte Freie kommt (ähnelt *Hepar sulfuris*); Wärme beruhigt sofort; Würgen mit Schleim. **Verschlechterung:** Wechsel von warm zu kalt. **Besserung:** Wärme, Zudecken.

Luftröhrenentzündung (Tracheitis)

Als eigenständige Erkrankung z. B. durch Erkältung ausgelöst, mit Husten-, Würgereiz, Abschlucken von Schleim. Sie tritt häufig in Kombination mit Kehlkopfentzündung und Bronchitis auf, weswegen die dort aufgeführten Mittel, vor allem *Belladonna, Hepar sulfuris, Pulsatilla, Rumex und Spongia* angezeigt sind.

Bronchitis, akut

Häufiger Auslöser: Erkältung, Rauch, Staub, Bakterien, Viren, Pilze, Allergien. Trockener bis feuchter Husten mit/ohne Würgereiz, Erbrechen oder Abschlucken des Schleims, Fieber, angestrengtes Atmen, Mattigkeit. Den Tierarzt aufsuchen. Homöopathie lindert und heilt hier sehr gut.

Husten, Atembeschwerden bei akuter Bronchitis

Durch trockene Kälte, trockenen Wind (Ost/Nordost); trockener Husten mit Angst /Unruhe; kein/wenig Auswurf; Fieber; Hitze; sucht kühle Plätze; möchte kaltes Wasser.
Verschlechterung: Berührung.

Aconitum
Dosierung: C30, ½-stündlich, max. 3 Gaben

Hechelt und hat viel Durst; heftiger Beginn; hohlklingende Hustenanfälle, die wellenartig auftreten; Fieber; Puls: rasch, voll. Übererregt/-empfindlich (auch vor Krankheitsausbruch).
Auslöser: Haare scheren; Kaltwerden.

Belladonna
Dosierung: C30, ½-stündlich, max. 3 Gaben

Wenig Krankheitszeichen; oft »nur« Fieber oder Mattigkeit; auch oft gutes Befinden; evtl. weniger Appetit; kurzer, harter Husten; kaum Schleim. Bewährt bei akuter und verschleppter Bronchitis.
Verschlechterung: Bewegung; Berührung; nachts.

Ferrum phosphoricum
Dosierung: D12, ½-stündlich, oder 2–3-mal täglich, max. 5 Gaben

Akuter Infekthusten, kurz, heftig, trocken; hohes, trockenes Fieber; Schwäche; Apathie; rascher Puls; würgt und erbricht evtl. Schleim; viel Durst; Herz-Kreislaufstörungen. Durch Bakterien/Viren(!).
Verschlechterung: Wärme, nach Schlaf.

Lachesis
Dosierung: C30 in Wasser, stündlich, max. 3 Gaben

Bryonia
Dosierung: C30 in Wasser, stündlich, max. 3–4 Gaben

Bewegungsunlust; jede Bewegung schmerzt!; schnelle, flache Atmung; allmählich beginnender, harter, schmerzhafter Husten; kaum Auswurf; extremer Durst; möchte seine Ruhe haben. Auch Brustfellentzündung.
Besserung: Frische Luft, Saufen.

Husten mit viel Schleim bei Bronchitis

Ipecacuanha
Dosierung: D12, stündlich, max. 4 Gaben

Husten mit Auswürgen von Schleim; viel Schleim, trockener, heftiger, wie erstickender Husten; rasselnde/asthmatische Atmung; Speichelfluss; keine belegte Zunge.
Verschlechterung: Feuchte Wärme, nasse Kälte.
Besserung: Ruhe.

Drosera
Dosierung: C30 in Wasser, stündlich, max. 3 Gaben

Aus der Tiefe kommender Husten, hohl klingend; rasch aufeinander folgende Hustenanfälle; würgt wie erstickend; Schleimrasseln, -auswurf; Atmung wie Asthma; Mattigkeit.
Besserung: Im Freien; langsame Bewegung.

Coccus cacti*
Dosierung: D12, stündlich, max. 4 Gaben

Hustet, würgt und rülpst später; zäh-klebriger, fädenziehender, eiweißartiger Schleim; krampfhafter Reiz-/Kitzelhusten, der in Anfällen auftritt; evtl. asthmatische Atmung.
Besserung: Kaltes Wasser saufen; kühle Luft.

Tartarus emeticus
Dosierung: D12 in Wasser, stündlich, max. 4 Gaben

Schleimrasseln in der Luftröhre; sitzt, um besser atmen zu können, aber döst/schläft auch viel; Husten mit Würgen, Schleim sitzt tief; mag keine Berührung; zunehmende Schwäche.
Verschlechterung: Wärme.

Phosphorus
Dosierung: C30 in Wasser, stündlich, max. 3 Gaben

Wärme und Ruhe bessern; rauer-erschütternder Husten; Schleim weiß, wie Eiweiß; Husten durch Kälte, Stress, Fressen, Saufen; asthmatische Atmung; viel Durst. Schmusig, anhänglich, sensibel, schlank, schreckhaft.
Verschlechterung: Anstrengung, Aufregung.

Wechselhafte Symptome, wechselhafte Launen; krampfhafter, veränderlicher Husten, schlechter in Wärme!; hustet, sobald er liegt; Schleimrasseln. Liebt Nähe, Trost, Streicheln.
Besserung: Frische Luft.

Pulsatilla
Dosierung: C30 in Wasser, stündlich, max. 3 Gaben

Husten, Atembeschwerden bei chronischer Bronchitis

Sehen Sie auch die Mittel unter »akuter Bronchitis«.

Trockener, harter, schwächender Husten; ggf. mit Würgen und Erbrechen; Atemnot bei Bewegung; Atmungsgeräusche; Hecheln; Schwäche; ist rasch erschöpft, bes. bei Bewegung, legt sich aber ungerne hin.
Verschlechterung: Kälte, Fressen, Liegen.

Kalium carbonicum
Dosierung: C30 in Wasser, 1-mal täglich, max. 3 Gaben

Trockener, rauer, würgender Husten, kurzatmig, ggf. Auswurf (gelb, grün). Angst, Unruhe trotz Schwäche. Periodisches Auftreten. Alles schlechter nachts und beim Niederlegen.
Liebt Wärme, braucht aber frische Luft.
Verschlechterung: Nachts, Liegen, stickige Luft.

Arsenicum album
Dosierung: C30, 1-mal täglich, max. 3 Gaben

Anhaltende Bronchitis; auch periodisch auftretender Husten; trockener, würgender Husten; Schleimrasseln beim Atmen. Dominanter, wasserscheuer Typ, der sehr viel Lob braucht. Verschleppte Bronchitis.
Verschlechterung: Nässe, Impfung, infolge unterdrückter Hautausschläge.

Sulfur
Dosierung: C30, 1-mal täglich, max. 2–3 Gaben

Langsame Erholung vom Infekt; schwächelnde, zu schlanke Hunde, die rasch erkältet sind; Husten in Anfällen mit Schleim; dicke Lymphknoten. Ruhiger Typ mit Eigensinn, wenig Selbstvertrauen.
Verschlechterung: Zugluft, Kälte.

Silicea
Dosierung: C30 in Wasser, 1-mal täglich, max. 2–3 Gaben

HERZ-BLUTKREISLAUF

Herz-, Kreislaufschwäche

Ursachen: Überbelastung, Schock, Altersherz, angeborene/erworbene Herzerkrankung, schwere Infektion, Vergiftungen. Herzkranke/-schwache Hunde oder alte Hunde sind natürlich besonders von Herz-, Kreislaufschwäche betroffen (Bewegungsunlust, schneller müde, beschleunigte oder schwere Atmung bei Bewegung, »Herzhusten« in Anfällen). Aber auch relativ gesunde Hunde können durch Überbelastung eine Herz-, Kreislaufschwäche erleiden (rasche Atmung, rasches Hecheln, heraushängende Zunge, Schwäche bis Kollaps). Den Tierarzt aufsuchen. Homöopathie kann hier gute Hilfe leisten.

	Herz-Kreislaufschwäche, ausgelöst durch
Arnica **Dosierung:** C30, ¼-stündlich, 2–3 Gaben	Überanstrengung, Verletzung, Schock; hier 1. Mittel; rasche, kurze Atmung; starkes Hecheln; (große) Erschöpfung; Taumeln; Herzmuskelschwäche/-erkrankung.
Aconitum **Dosierung:** C30, ¼-stündlich, max. 2 Gaben	Schreck, Schock, Hitzschlag; Angst/Unruhe; flache Atmung; stürmisches Herzklopfen; akute Herzrhythmusstörung; Atemnot; Schwäche bis Kollapsneigung.
Belladonna **Dosierung:** C30, ¼-stündlich, max. 2–3 Gaben	Hitzschlag; oder durch heiße Luft, Sonnenhitze; heftiges Hecheln; heftiges Herzklopfen; dampft vor Hitze; Unruhe; übererregt oder Apathie mit Schwäche. **Besserung:** Kühlung!
Lachesis **Dosierung:** C30, ¼-stündlich, 2 Gaben	Schwere Infektionen; auch durch Sonne/Hitze; beschleunigte Atem-/ Herzfrequenz; Hecheln; Schwäche bis Niedersinken; »Herzhusten«; akute Herzerkrankung jeder Form. **Besserung:** Kühlung. **Verschlechterung:** Frühjahr, Sommer.

Herzklappenfehler!; »Herzhusten«; Herzrhythmusstörung; Kreislaufschwäche auch ohne organische Ursache; Kurzatmigkeit; Schwäche, bis zum Niedersinken. Bewährt!
Verschlechterung: Wärme, Frühjahr.

Naja tripudians
Dosierung: C30, ¼-stündlich, 2–3 Gaben

Folgen von Antibiotika; Infektionen; Vergiftungen; Atemnot; Lungenbeschwerden; große Schwäche bis zum Niedersinken; schnelles Herz/schwacher Puls/kurze Atmung, kalte Körperteile.

Carbo vegetabilis
Dosierung: C30, ¼-stündlich, 2–3 Gaben

Durchfall (bei/nach); auch nach schwächender Krankheit; Blutverlust; Mattigkeit; leichte Bewegung erzeugt rasche Atmung/Herzfrequenz; Kurzatmigkeit; Taumel.

China*
Dosierung: D12, ¼-stündlich, oder 2–4-mal täglich, max. 4–5 Gaben,

Aufregung; der Typ neigt zu »Berg- und Talfahrt«, sein Herz reagiert rasch auf Außenreize, ist schnell erschöpft; Schwäche; Kurzatmigkeit; rascher Puls/Herz; Unruhe.

Phosphorus
Dosierung: C30, 1-mal täglich, max. 2–3 Gaben

Beim älteren Hund

»Die tägliche Herzpflege« für chronisch Herzkranke, Schwäche in Anfällen; schnelle Ermüdung; trockener Husten; Atembeschwerden bei Anstrengung. Herzmuskel/-kranzgefäße.

Crategus
Dosierung: D2, 2-mal täglich, länger geben

Anfallsweise Schwäche bei etwas mehr Bewegung als gewöhnlich, mitunter schon bei wenig Bewegung; schreckhaft; Ödeme; Gelenkbeschwerden. Altersherz/Herzmuskel.
Besserung: Wärme.

Kalium carbonicum
Dosierung: D12, 1–2-mal täglich, max. 4–5 Gaben

Herzschwäche und Ödembildung; Atemnot/-Unruhe; Neigung zu Schwächeanfall (langsamer Herz-/Pulsschlag); legt sich oft nieder; Magen-Darmbeschwerden; nachts unruhig.

Digitalis*
Dosierung: D6, 2–4-mal täglich, max. 8 Gaben

Arsenicum album
Dosierung: D12, 1–2-mal täglich, max. 4 Gaben

Schwäche und Angst; Atembeschwerden (wie Asthma); nachts unruhig; viel Durst (kleine Mengen); liegt viel; Herzhusten. Herzmuskel/-beutel/-kranzgefäße. Altersherz.
Besserung: Wärme.

Aurum metallicum*
Dosierung: C30, 1-mal täglich, max. 2–3 Gaben

Willensstarker Typ; unsozial; kämpferisch; teilnahmslos; häufig übergewichtig; Herzschwäche; Angst; fühlbares Herzklopfen; rote Schleimhäute; Atembeschwerden.
Besserung: Frische Luft.

Spongia
Dosierung: C30, 1-mal täglich, max. 2–3 Gaben

»Herzhusten«; krampfartiger Reizhusten (der würgend ist und sich durch Futter und Wasser bessert); Atembeschwerden bis -not besonders nach Schlaf. Altersherz. Schilddrüse.

Herzrhythmusstörungen

Ihre Bedeutung liegt in Abweichungen von der Regelmäßigkeit der Herzaktionen zur normalen Herzfrequenz, wobei letztere z. B. vom Alter, der Kondition, Körpertemperatur, und Konstitution abhängig ist. Herzrhythmusstörungen werden meistens durch Erregungsbildungs- sowie Erregungsleitungsstörungen des Herzens ausgelöst und können vielseitige Ursachen haben, neben angeborenen und erworbenen Herzerkrankungen z. B. Fieber, akute/überstandene Erkrankungen, Säfteverlust, Verwurmung, Vergiftungen. Darüber hinaus hat das vegetative Nervensystem Einfluss auf Rhythmusstörungen. Eine gründliche, tierärztliche Untersuchung mit EKG sichert die Diagnose, wobei die Ursachen auch unbekannt sein können. Es gibt einige homöopathische Mittel bei Herzrhythmusstörungen; eine Konstitutionsbehandlung ist zu empfehlen.

Aconitum
Dosierung: C30 in Wasser, 1-mal sofort, ggf. noch 1 Gabe

Fieber, Schock, sind hier zwei akute Auslöser bei Rhythmusstörungen; entweder viel zu rascher oder verlangsamter Puls/oder erst langsam, dann schnell; oft erhebliche Unruhe; Angst.
Verschlechterung: Berührung.

Arnica
Dosierung: C30 in Wasser, 1-mal sofort, dann 1-mal täglich, max. 3 Gaben

Anfallsartige Unregelmäßigkeit; zu schneller/zu langsamer Puls, beide Formen auch unregelmäßig; mit Herzstolpern, Folgen von Herzmuskelschäden, von Überanstrengung.
Verschlechterung: Bewegung.

Gelsemium
Dosierung: C30 in Wasser, 1-mal sofort, sonst 1-mal täglich, max. 3 Gaben

Nervöse Herzbeschwerden; Folgen von Angst, Stress, Leistungsdruck, Sport, schwacher, sehr rascher, auch unregelmäßiger, aussetzender Herzschlag, Zittern, matt, wie benommen.
Verschlechterung: Feuchtwarme Luft, Sonne.
Auslöser: Auch Folgen von Infektionen.

Naja tripudians
Dosierung: C30 in Wasser, 1-mal täglich, max. 3 Gaben

Herzrhythmusstörungen aufgrund von Herzleiden, bes. Herzklappen!; stark beschleunigter Herzschlag, Herzstolpern, Schwäche, schwankender Kreislauf. Angst, Unruhe. Sehr bewährtes Mittel.
Auslöser: Folgen von Infektionen.

Natrium chloratum
Dosierung: C30 in Wasser, 1-mal täglich, max. 3 Gaben

Bekümmert; kann durch Seelennöte erhebliche Arrhythmien entwickeln, vor allem aussetzende Herztätigkeit, wie Herzstolpern. In sich gekehrt, will seine Ruhe, reserviert, mag keine Fremden und Zudringlichkeit.
Verschlechterung: Sonne, Hitze, Stress.

Arsenicum album
Dosierung: C30, 1-mal täglich, max. 3 Gaben

Geschwächt; Folgen von Fieber, lang andauernder Krankheit/Strapaze, von Verdorbenem; lautes, heftiges Herzklopfen mit Schwäche/Angst, unregelmäßiger, schneller, schwacher Puls, Herzmuskelschaden, oft durch Erschöpfung, oder angeboren.

Crategus
Dosierung: D1, 2-mal täglich, länger geben

»Die tägliche Herzpflege«, die Sie Ihrem Hund gerne zusätzlich zu seinem passenden Mittel geben können.

VERDAUUNGSORGANE

Appetitstörungen

Die Ursachen dafür sollten von Sachkundigen abgeklärt werden. Die hier aufgeführten Mittel beziehen sich auf Hunde mit schlechtem, launenhaftem Appetit (»schlechte Fresser«) oder mit sonderbarem Appetit (z. B. Sand, Kot, Steinchen).

	Appetit, schlechter, verminderter
	Passt auch zu *Lycopodium* (Appetit, launenhafter).
Sulfur **Dosierung:** C30, 1-mal täglich, max. 2–3 Gaben	Wenn das Futter vor ihm steht, ist sein Hunger weg; doch viel Durst!; Appetitlos nach Ärger; auch mal heißhungrig, mal appetitlos. Selbstbewusste »Spürnase«, untersucht alles, wachsam, hütet und beschützt.
Natrium chloratum **Dosierung:** C30, 1-mal täglich, max. 3 Gaben	Heranwachsende Hunde, die Futter verweigern; schlank-knochig; liebt Salziges und Brot; viel Durst. Reserviert/aggressiv bei Fremden, Treue zum Halter, kein Schmuser. **Auslöser:** Kummer, Stress, Trockenfutter.
Calcium phosphoricum **Dosierung:** D12, 1-mal täglich, max. 5 Gaben	Appetitlose Junghunde, Milch macht Blähungen und/oder Durchfall; besonders zur Zeit der Zahnung/-wechsel; gedeiht schlecht. Furchtsam, überaktiv, erschrickt leicht. **Hinweis:** Frisst evtl. Papier.
Abrotanum **Dosierung:** D4, 2-mal täglich, max. 10 Gaben	Hund gedeiht schlecht, sieht aus wie verwurmt (trotz Wurmkur); dicker Bauch, aber sonst zu schlank; mattes Fell; auch Abmagerung trotz Heißhunger; Juckreiz, Augen tränen.
Nux vomica **Dosierung:** C30, 1-mal täglich, max. 3–4 Gaben	Frisst das gewohnte Futter kaum oder nicht; man hat das Gefühl, er hat Hunger, aber er frisst schlecht; wenig oder viel Durst; Folgen von Medikamenten, Stress, Futtermitteln.

Appetit, launenhafter

Frisst mal ja, mal nein; Veränderlichkeit (Fressen, Durst, Launen, Kot, Sonstiges). Anhänglich, mag kein Alleinsein, mag Kühles, Streicheln, Trost; leidet sehr.

Pulsatilla
Dosierung: C30 in Wasser, 1-mal täglich, max. 3 Gaben

Hunger kommt beim Fressen; riecht am Futter, zögert, frisst ein wenig, und dann mit (großem) Appetit; sortiert evtl. Futter aus. Wichtigtuer, aber wenig Selbstvertrauen, Dominanzprobleme.

Lycopodium
Dosierung: C30, 1-mal täglich, max. 3 Gaben

Kummer, Aufregung (auch des Halters) lösen Appetitstörung aus; auch Heimweh; Scheinschwangerschaft; nervöser Magen; Schluckprobleme; appetitlos und fresssüchtig.
Hinweis: Frisst evtl. Plastik.

Ignatia
Dosierung: C30, 1-mal täglich, max. 3 Gaben

Appetitlos und heißhungrig im Wechsel; sehr großer Hunger/Widerwille gegen jedes Futter; viel/wenig Durst; erbricht schnell. Ungewohnt schwach, nervös, empfindlich.

Ferrum metallicum*
Dosierung: D12, 2-mal täglich, max. 4 Gaben

Appetit auf Sonderbares

Passt auch zu *Ignatia*, *Lycopodium* (Appetit, launenhafter), *Calcium phosphoricum* (Appetit, verminderter).

Frisst Kot anderer Hunde, Erde, Sand; rohe Kartoffeln; Holzkohle; frisst sehr gerne Hühnerei. Ruhig, lieb, gemütlich, sturköpfig, unterwürfig, halbherzig, wird schnell dick.

Calcium carbonicum
Dosierung: C30, 1-mal täglich, max. 2–3 Gaben

Frisst Kalk, Kreide, Sand, viel Gras (mit/ohne Erbrechen); Junghund gedeiht schlecht!. Ruhig, gehorcht gut, wenig Selbstvertrauen, aber wehrhaft bei grober Behandlung.

Silicea
Dosierung: D30, 1-mal täglich, max. 2–3 Gaben

Hyoscyamus **Dosierung:** C30, 1-mal täglich, max. 2–3 Gaben	Frisst/leckt Schlamm, Kot, Mist, uriniert bei Gelegenheit in Haus/Wohnung, evtl. auch Kotabsatz. Übererregbar, sexuell, eifersüchtig; hysterisch; misstrauisch, Kläffer.

Mundgeruch (Foetor ex ore)

Ursachen: Appetitstörung; Entzündung bis Fäulnisprozess von Maulschleimhaut, Zähnen, Zahnfleisch, -stein, -belag, Rachen (riecht übel, faulig, aashaft); Magen-Darmbeschwerden (riecht übel, säuerlich, käsig, faulig); Nierenleiden (riecht süßlich, urinartig, beißend), Stoffwechselstörung (jede Geruchsform); Lebererkrankung (riecht z. B. wie frische Leber, Lehmerde); chronische Lungenleiden (z. B. faulig, käsig, übel); Grundleiden abklären lassen.

	Mundgeruch, verursacht durch
Mercurius solubilis **Dosierung:** D12, 2-mal täglich, max. 5 Gaben	Entzündung der Maulschleimhaut, des Zahnfleisches (schwammig, blutet leicht); Maulfäule; Geruch (übel, stinkend, süßlich, wie Metall); vermehrte Speichelbildung! **Verschlechterung:** Warmwerden.
Kreosotum* **Dosierung:** D12, 2-mal täglich, max. 5 Gaben	Zerfall von Zähnen, Karies, Zahnfleischentzündung (geschwürig, blutet leicht und stark, dunkles Blut); Geruch: eklig, wie verfault, starke Speichelbildung. Magenempfindlich.
Carbo vegetabilis **Dosierung:** C30, 1-mal täglich, max. 2–3 Gaben	Magenbeschwerden, oft mit viel Blähungen und/oder häufigem Aufstoßen; Parodontose; Geruch: übel, faulend. Ungewohnt träge, schlapp, reizbar, »fremdelnd«.
Nux vomica **Dosierung:** C30, 1-mal täglich, max. 2–3 Gaben	Futterunverträglichkeit; Folgen von Medikamenten, Beschwerden von Magen, Leber; Geruch: übel, sauer (bes. morgens); magenempfindlich. Furchtsam, streitbar, angespannt, reaktionsschnell. **Verschlechterung:** Kälte, Geräusche, Stress.

Vor oder nach der Läufigkeit; Geruch: sauer, wie faule Eier, faulig; oft mit Körpergeruch!; viel Durst; guter Appetit. Selbstständige, häufig »vermännlichte« Hündin.

Sepia
Dosierung: C30, 1-mal täglich, max. 3 Gaben

Stoffwechselstörung; z. B. nach Infekten, Eiterungen, durch Antibiotika!, durch Organleiden; Geruch: faulig, stinkend (nach jedem Fressen); viel Durst. Gier.

Sulfur
Dosierung: C30, 1-mal täglich, max. 2 Gaben

Chronische Entzündung: Zahnfleisch, -wurzel; Eiterungen; Geruch: süßlich, eklig, stinkend. Weitere Problembereiche: Haut, Krallen, Ohr, Nieren, Bronchien.

Silicea
Dosierung: C30, 1-mal täglich, max. 2–3 Gaben

Erbrechen (Vomiting)

Kann durch Grasfressen, Fressen in Hast/Übermaß, Fahrt/Reise, Stress, nervösen Magen auftreten, auch bei säugender Hündin (Anverdautes für ihre Welpen). Erhebliche Ursachen: z. B. Fremdkörper, Magen-Darmentzündung, Medikamente, Leber-, Nierenleiden, Tumore, Parvovirose. Gehen Sie zum Tierarzt, wenn das Erbrechen anhält, und wenn die Homöopathie in 1 bis 2 Tagen nicht bessert. Lesen Sie auch unter »Magenschleimhautentzündung«.

Erbrechen, ausgelöst durch Reisekrankheit

Beginnen Sie mit den aufgeführten Mitteln 2–3-mal täglich schon 2 Tage vor der Fahrt/Reise, ansonsten ½-stündlich zu Fahrt-, Reisebeginn.

Bewährtes Mittel; Erbrechen in Auto, Bahn, Schiff, Flugzeug; viel Speichelfluss; erbricht oft in einem Schwall; lässt evtl. Urin. Angst, Nervosität, Gleichgewichtsstörungen.

Cocculus
Dosierung: D6, ½-stündlich oder 3-mal täglich, max. 8 Gaben

Übelkeit besser durch Fressen; viel wässriger Speichelfluss, dann Erbrechen bei Fortbewegung; Schwäche; Reisekrankheit und rissige Hautprobleme.

Petroleum*
Dosierung: D12, ½-stündlich oder 2-mal täglich, max. 4 Gaben

Tabacum* **Dosierung:** D12, ½-stündlich oder 2-mal täglich, max. 5 Gaben	Erbrechen mit Schwäche; »sterbenselend« bei Fortbewegung; krampfhaftes Würgen/Erbrechen; viel zäher Speichel; besser bei Frischluft und in frischer Luft.
Borax* **Dosierung:** D12, ½-stündlich oder 2–3-mal täglich, max. 5 Gaben	Flugangst; verträgt keine Abwärtsbewegung (auch Lift, Berg- und Talfahrt); Angst; Zittern; Würgen/Erbrechen; evtl. Schluckauf; Blubbern im Bauch.

Erbrechen durch Nervosität, Stress

Phosphorus **Dosierung:** C30, 1-mal täglich, max. 3 Gaben	Überempfindlicher Hund; sensibel, anhänglich, schmusig, schlank, eigenwillig; erbricht leicht (auch bei Futter/-zeitenwechsel; viel Wasser); gelb, Schleim, Futterbrei. **Auslöser:** Auch Angst, Süßes.
Nux vomica **Dosierung:** C30, 1–2-mal täglich, max. 3 Gaben	Nervöser Hund mit Reizmagen; niedrige Reizschwelle, verspannt, streitbar, unruhig, furchtsam; erbricht oft 1–2 Stunden nach dem Fressen; Schleim; Futterbrei. **Auslöser:** Auch Medikamente.
Arsenicum album **Dosierung:** C30, 1–2-mal täglich, max. 3 Gaben	Unsicherer Hund, oft schlank, hager; sieht oft sauber aus; Angst, Unruhe, wie getrieben/treibend, wenig Energie; viel Durst; Erbrechen (Schleim; gelb, Futter), evtl. mit Durchfall. **Auslöser:** Abweichen von seiner Routine.
Pulsatilla **Dosierung:** C30, 1-mal täglich, max. 3 Gaben	Liebevoller Hund; unterwürfig, findet jedermann nett, Angst beim Alleinsein; gehorsam, aber auch stur, abweisend; uriniert aus Freude/Angst; Schleimerbrechen. **Auslöser:** Strafe, Alleinsein, Heimweh, Fettes.

Feinfühliger Hund, mitfühlend; reserviert; kann alleine sein; plötzlich hysterisch, aufgebracht; jault; unbeständig; gähnt viel; viel Speichel; Erbrechen (Futter, Schleim).
Auslöser: Heimweh, Kummer, Strafe.

Ignatia
Dosierung: C30, 1–2-mal täglich, max. 3 Gaben

Erbrechen durch Futter, Verdorbenes, Medikamente

Vergleichen Sie auch die Mittel unter »Erbrechen durch Nervosität, Stress«.

Durcheinander fressen; durch zu viel Futter; durch Fettes; Kaltes; würgt/erbricht plötzlich reichlich Schleim/schleimigen Futterbrei.

Ipecacuanha
Dosierung: D12, ½-stündlich, max. 3–5 Gaben

Magenüberladung; durch Fettes; viel Durcheinander; Backwaren; Eiskaltes; zu viel Wasser. Leidet auffallend, sucht Nähe, zittert oder hechelt.

Pulsatilla
Dosierung: D12, ½-stündlich, max. 3–5 Gaben

Durch Gammeliges; Trinken aus Tümpeln, Gräben, Pfützen; durch Eiskaltes!, Käse; evtl. mit Durchfall (dünnflüssig, übler Geruch).

Arsenicum album
Dosierung: D12, ½-stündlich, max. 3–4 Gaben

Durch ein Übermaß (Medikamente, Futter); viel Durcheinander, Verdorbenes. Geht klamm, krampfhaft, ist reizbar.

Nux vomica
Dosierung: D12, ½-stündlich, max. 3–5 Gaben

Durch Süßes; süchtig danach, verursacht aber Erbrechen oder/und Durchfall; Blähungen; Unruhe; wirkt ängstlich, zappelig.

Argentum nitricum
Dosierung: D12, stündlich, max. 3–4 Gaben

Durch zu kaltes Wasser; Kaltwerden; würgt, erbricht mit großer Unruhe!, Angst; Hecheln; evtl. erhöhte Temperatur.
Verschlechterung: Berührung.

Aconitum
Dosierung: C30 in Wasser, stündlich, max. 2–3 Gaben

Erbrechen von unverdautem Futter

Sehen Sie auch *Ignatia*, *Phosphorus* (Erbrechen durch Nervosität).

Kreosotum*
Dosierung: D12, ½-stündlich, max. 4 Gaben

Würgt viel, erbricht Unverdautes (lange nach dem Fressen) oder würgt erfolglos (bes. morgens) oder erbricht morgens Wässriges; evtl. mit Durchfall. Übler Geruch.

Erbrechen und Durchfall

Sehen Sie auch *Arsenicum album* (Erbrechen durch Nervosität, durch Verdorbenes).

Veratrum album
Dosierung: C30, ½-stündlich, max. 3 Gaben

Schwächender Brechdurchfall; ist rasch erschöpft; liegt nur; Kot/Erbrochenes: viel, schleimig oder wässrig; auch weißlich, grünlich, kommt unmittelbar heraus.

Erbrechen durch Verletzung

Arnica
Dosierung: C30, ½-stündlich, max. 3 Gaben

Trauma, Prellung, Unfall, Schock, Erschütterung (z. B. Gehirn); wie benommen; erbricht häufig; evtl. Blut; Erbrochenes stinkt, oder faule-Eier-Geruch.
Auslöser: Auch Schreck, Schock.

Magenschleimhautentzündung (Gastritis)

Erbricht bald nach dem Fressen eingespeicheltes Futter, wird rasch matt und kraftlos, evtl. Fieber. Ursachen: Erkältung, Verdorbenes, Giftstoffe, Medikamente, Bakterien, Viren, im Gefolge anderer Organerkrankungen. 24 Stunden fasten lassen, Wasser anbieten, dann mehrere kleine, fettarme Futtermengen am Tag. Vergleichen Sie auch die Mittel der vorangehenden Heilanzeigen unter »Erbrechen« (durch Futter, Nervosität).

Plötzliches Erbrechen von Futterbrei, Schleim, teils große Mengen; gelb, gallig, grün; würgt/erbricht weiter, wenn der Magen leer ist. Akut.
Auslöser: Verdorbenes, Kaltes, Infektion.

Ipecacuanha
Dosierung: D12, ½-stündlich, max. 3–5 Gaben

Großer Durst; gelb-schleimiges Erbrechen wie Galle; harter, angespannter Bauch. Erbricht, wenn er sich bewegt. Will seine Ruhe haben. Akut, weniger akut.
Verschlechterung: Bewegung, Wärme.

Bryonia
Dosierung: C30 in Wasser, stündlich, max. 2–3 Gaben

Krampfhaftes Würgen, Erbrechen; plötzlich, heftig; streckt/dehnt/reckt den Rücken (als ob der Rücken schmerzt); sehr berührungsempfindlich; viel Durst. Akut.
Auslöser: Kaltes, Infektion.

Belladonna
Dosierung: C30 in Wasser, stündlich, max. 3 Gaben

Erbricht bald nach dem Fressen; auch gelblicher Schleim; blutig; rasch matt, kraftlos; Bauch: hart, berührungsempfindlich. Anhänglichkeit vor/bei Erkrankung. Akut, chronisch.
Auslöser: Futterwechsel, Infektion.

Phosphorus
Dosierung: C30 in Wasser, stündlich, max. 3 Gaben

Erbrechen von Futter oder Schleim; gallig, gelblich, grünlich; evtl. Rülpsen; sucht kühle Plätze, sucht die Nähe, »klebt am Rockzipfel«. Akut, chronisch.
Auslöser: Kaltes, Fettes, Katarrh.

Pulsatilla
Dosierung: C30 in Wasser, ½-stündlich oder 1-mal täglich, max. 3 Gaben

Durchfall (Diarrhoe)

Durchfall ist das Hauptmerkmal bei Darmkatarrh/-entzündung (Enteritis), er kann plötzlich, häufig mit viel Kotdrang auftreten (breiig, schleimig, wässrig, blutig), mit Appetitlosigkeit, Entkräftung, evtl. Erbrechen. Auslöser: z. B. Futter (verdorben, zu kalt, ungeeignet), Kaltwerden, Würmer, Antibiotika, Cortison, Stress, Hitze, Anstrengung, Giftstoffe, Bakterien, Viren. Sachkundige Hilfe ist vonnöten, wenn der Durchfall anhält. Die Homöopathie hat sich bei Durchfall, Darmkatarrh (akut, chronisch) sehr gut bewährt.

	Durchfall durch Futter, Verdorbenes
Arsenicum album **Dosierung:** C30 in Wasser, stündlich oder 2-mal täglich, max. 3 Gaben	Verdorbenes Futter/Wasser; Gammeliges; Eiskaltes; Stress. Kot: häufige kleine Mengen, schleimig, wässrig; Geruch: faulig, aashaft. Ruhelos, aber schwach. Akut, chronisch. **Hinweis:** Rasche Abmagerung.
Nux vomica **Dosierung:** C30 in Wasser, stündlich, max. 3 Gaben	Zu reichhaltiges Futter; zu viel Futter/Durcheinander; Medikamente!; Wurmkur!. Durchfall: braun; schleimig, breiig; wie in Streifen, wässrig; Blähungen. Gereizt, übellaunig. **Verschlechterung:** 1–2 Stunden nach dem Fressen.
Pulsatilla **Dosierung:** C30 in Wasser, 1–3-mal täglich, max. 3 Gaben	Fette Nahrung; Backwaren; durch Angst; Kaltwerden; wechselhafter Kot: mal breiig; mal schleimig, mal dünn; mal wenig/viel; mal braun/hell/gelblich/gallig; Blähungen. **Auslöser:** Auch Wärme, Hitze.
Magnesium carbonicum* **Dosierung:** D12, 2–3-mal täglich, max. 4 Gaben	Milch; Milchhaltiges; Jaulen; schmerzhafter Bauch; Darmgeräusche; Durchfall: herausspritzend; übelriechend, breiig-wässrig; wiederkehrend. Oft Welpen, Junghunde. **Auslöser:** Auch Fleisch.
Phosphorus **Dosierung:** C30 in Wasser, 1–3-mal täglich, max. 3 Gaben	Unregelmäßige Fütterung; wechselhaftes Futter; Kot: dünnbreiig; schleimig, gelblich; mal wenig, mal viel Appetit. Nervös, schreckhaft, Nähe suchend. **Auslöser:** Auch Cortison, Stress.
Sulfur **Dosierung:** D12 in Wasser, 1–2-mal täglich, max. 3 Gaben	Durch Antibiotika; Durchfall: schleimig; grünlich; gelb; hell; breiig, riecht übel; Blähungen (faule-Eier-Geruch); viel Kotdrang; Juckreiz. Akut, chronisch!, wiederkehrend! **Auslöser:** Auch Infektion, Stoffwechsel.

Durchfall durch Kälte, Nässe, kalte Nässe

Sehen Sie auch *Rhus toxicodendron* (Durchfall durch Überanstrengung).

Wechsel von Wärme zu Kälte; Wetterwechsel; Baden in kaltem Wasser; Stehen in Nässe; Kot: wässrig, breiig, grünlich, schleimbedeckt; evtl. Hautprobleme.
Auslöser: Auch Zahnung.

Dulcamara
Dosierung: C30 in Wasser, 2–3-mal täglich, max. 3–4 Gaben

Durch Haarescheren; nach dem Hundefrisör bei Kälte; Durchfall: plötzlich; heftig, häufiger Absatz, grünlich, evtl. mit Blut; streckt/biegt den Rücken durch.

Belladonna
Dosierung: C30 in Wasser, 2-mal täglich, max. 3 Gaben

Akuter Darmkatarrh durch Kälte; Kot: schleimig; breiig; wässrig; braun; grünlich; viel Kotpressen (viele, kleine Mengen); Afterjuckreiz; Geruch: übel, sauer, wundmachender Kot.

Mercurius solubilis
Dosierung: C30 in Wasser, 2-stündlich, max. 3 Gaben

Durchfall durch große Wärme, Sommerhitze

Vergleichen Sie hier zu Durchfall auch *Pulsatilla* (durch Futter), *Veratrum album* (mit Schwäche).

Sommerhitze; Baden bei Hitze; gesäugte Welpen; Kot: plötzlich, spritzt heraus, dünn, grünlich, hellbraun, schwärzlich; sehr übelriechend; schwächend.
Auslöser: Auch Milch.

Podophyllum*
Dosierung: D12, 2-stündlich, max. 4–5 Gaben

Warmes Wetter; auch durch Obst; Durchfall: in einem Schwall, schleimig; breiig; sieht wie verbrannt aus; mit Futterteilen; übelriechend (käsig). Mag sich nicht bewegen.
Verschlechterung: Jede Bewegung.

Bryonia
Dosierung: C30 in Wasser, 2-stündlich, max. 3 Gaben

Gambogia*
Dosierung: D6, ¼-stündlich, max. 10 Gaben

Schießt heraus (alles auf einmal); vorher Darmgeräusche; Durchfall: gelblich; grünlich; wässrig; Kotdrang und Erschöpfung nach Durchfall!

Durchfall, der herausspritzt

Vergleichen Sie hier zu Durchfall auch *Carbo vegetabilis* (mit Schwäche), *Bryonia*, *Gambogia* (durch Wärme), *Rhus toxicodendron* (durch Verletzung, auch Kälte/Nässe).

Natrium sulfuricum
Dosierung: D12, stündlich, max. 4–5 Gaben

Spritzt mit viel Gasen heraus; in einem Guss; reichliche Menge; dünn, breiig, wässrig, mit festen Kotteilchen darin; übelriechend.
Auslöser: Kälte, Brot, Gemüse.

Thuja
Dosierung: C30 in Wasser, stündlich, max. 3 Gaben

Plötzlich heraus spritzender Durchfall mit lautem Gurgeln, mit Gasen, bald nach dem Fressen; Bauchgeräusche; Kot: breiig; wässrig, hellbraun. Akut, chronisch.
Auslöser: Impfung, Infektion.

Durchfall, mit großer Schwäche

Sehen Sie auch *Arsenicum album* (Durchfall, durch Verdorbenes).

Veratrum album
Dosierung: C30, ¼-stündlich, max. 3 Gaben

Infektion; Durchfall verursacht große Schwäche; Kot: gussartig, hellbraun; wässrig; wie Reiswasser; liegt schwach, matt und ruhig; Kollaps; viel Durst. Akut.
Auslöser: Auch durch Verdorbenes; Sommer.

Carbo vegetabilis
Dosierung: C30, ¼-stündlich, max. 3 Gaben

Zittert nach Durchfall; Schwäche/Kreislauf; Hecheln; Darmgärung; viele faulig riechende Gase; Kot: dünn schleimig; wässrig; breiig; aashafter Geruch; Kälte einzelner Körperteile. Akut.
Auslöser: Infektion, Verdorbenes.

Durchfall, aasartiger Geruch

Sehen Sie auch *Arsenicum album* (durch Verdorbenes), *Rhus toxicodendron* (durch Nässe), *Carbo vegetabilis* (mit Schwäche).

Wie verfaultes Fleisch; Kot: schleimig, blutgemischt; rascher Puls/kaum Fieber oder langsamer Puls/Fieber; matt; Kreislaufschwäche!, Zittern. Akute, schwere Infektionen.

Pyrogenium
Dosierung: C30, stündlich, max. 3 Gaben

Durchfall zur Zeit von Zahnung, Zahnwechsel

Riecht nach faulen Eiern; Durchfall: braungrünschleimig; wässrig; Blähungen; krümmt den Rücken. Trotzköpfig, leidend, unruhig; müde. Bewährtes Mittel.

Chamomilla
Dosierung: C30, stündlich, max. 3 Gaben

Sauerer, käsiger Geruch; der ganze Hund riecht evtl. säuerlich; Kot: dünn, heller, nur dünner, erst normal/dann dünner. Dickköpfig-/bäuchig, unsicher, stur, Vielfraß.

Calcium carbonicum
Dosierung: C30 in Wasser, 2-mal täglich, max. 3 Gaben

Durchfall durch Trauma, Verletzung

Jede Verletzungsfolge; Operation, Unfall; Gehirnerschütterung; kann den Kot nicht halten: breiig, schleimig, evtl. mit Blut; viel Kotdrang; faulige Blähungen.

Arnica
Dosierung: C30, stündlich, max. 3 Gaben

Durchfall durch Überanstrengung

Große körperliche Anstrengung (z. B. Laufen, Schwimmen, Jagd, Sport); Kot: schleimig; wässrig; übler Geruch. Ruhelos; kann nicht ruhig liegen.
Auslöser: Auch Kälte, Nässe, Infektion.

Rhus toxicodendron
Dosierung: C30 in Wasser, stündlich, max. 3 Gaben

Durchfall durch Aufregung, Angst

Passt auch zu *Phosphorus* (Durchfall durch Futter).

Argentum nitricum
Dosierung: C30, ¼-stündlich, max. 3 Gaben

Zappeliger Typ, der vor Aufregung durchfällig wird; wie »Lampenfieber«, Hecheln; Kot: schleimig; breiig; grünlich; übler Geruch; Durchfall bald nach dem Trinken.
Auslöser: Auch durch Süßes!

Gelsemium
Dosierung: C30, ¼-stündlich, max. 3 Gaben

Zittert vor Angst; z. B. wenn Leistung, Sport, Jagd direkt gefordert ist; will dem ausweichen; Durchfall: gelbbraun, grünlich; gegoren, mit Kotklümpchen.

Durchfall durch Verwurmung

Abrotanum
Dosierung: D4, 3-mal täglich, max. 10 Gaben

Immer wieder Durchfall; im Wechsel mit normalem Kot; dicker Bauch; Blähung; Magerkeit trotz gutem Appetit; tränende Augen; mattes Fell.

Calcium carbonicum
Dosierung: C30, 1-mal täglich, max. 2–3 Gaben

Zieht Würmer magisch an, gewichtiger Hundetyp, schlaffe Muskeln; großer Kopf, dicker Bauch, wenig Energie; stur, vorsichtig, lernt langsam. Jugend, Alter.

Verstopfung (Obstipation)

Ursachen: z. B. Alter, Bewegungs-, Flüssigkeitsmangel, einseitiges Futter, Knochenfütterung, Narkose, Bauchoperation, schwerwiegende Erkrankungen. Der Hund setzt schwer bis keinen Kot ab, presst häufiger, geht klamm. Der Tierarzt ist vonnöten! Die aufgeführten Mittel sind nur nach einer Diagnose anzuwenden.

Nux vomica
Dosierung: D12, ½-stündlich, max. 5 Gaben

Kotpressen ist krampfhaft; zu wenig Bewegung, einseitiges Futter, auch durch Medikamente; geht oft recht klamm; berührungsempfindlich.

Träge, verfressen, verstopft; zu Verstopfung veranlagt; große Kothaufen; schleimüberzogen; braucht zum Kotlassen viel Bewegung; Hautprobleme.

Graphites
Dosierung: C30, 1-mal täglich, max. 3 Gaben

In der Fremde, weg von Zuhause; auch Bewegungsmangel; viele Blähungen; frisst viel. Dominant, knurrt beizeiten, weicht aber auch aus; Furcht vor Männern; nachtragend.
Besserung: Bewegung!

Lycopodium
Dosierung: C30 in Wasser, 1-mal täglich, max. 3 Gaben

Neigt zu Verstopfung, fühlt sich bei verzögertem Koten wohl; energielos nach Kotlassen. Halbherziger Sturkopf, nicht wirklich dominant, nicht wirklich unterwürfig.

Calcium carbonicum
Dosierung: C30 in Wasser, 1-mal täglich, max. 3 Gaben

Nach Narkose (Kastration, Eingriff, Operation); Darm wie gelähmt; erfolgloses Kotpressen oder kein Kotdrang. Teilnahmslos oder unruhig, überempfindlich oder schmerzlos.
Auslöser: Auch nach Schreck, Schock.

Opium
Dosierung: C30 in Wasser, 2-stündlich, max. 3 Gaben

Durch Bauchoperation (Schnittverletzungsfolge, Kastration); untätiger Darm; schwer abgehender, harter Kot, viel Pressen, evtl. mit Erbrechen, Zittern.
Auslöser: (Ein-)schnitte, Demütigung.

Staphisagria
Dosierung: C30 in Wasser, 2-stündlich, max. 4 Gaben

In Gegenwart Fremder kann er keinen Kot lassen; akute Folgen von Kummer, Tierheim, neuer Besitzer; reserviert; schüchtern; unruhiger Schlaf; Mundgeruch.

Ambra*
Dosierung: D12, 2–3-mal täglich, max. 5 Gaben

An der Meeresküste, direkt beim Aufenthalt, danach, Wochen später; ohnehin trockener Darm; verstopft, wenn er zu wenig trinkt. Zurückhaltend; hart im Nehmen, fremdelt.
Auslöser: Auch Kummer, Strafe.

Natrium chloratum
Dosierung: C30 in Wasser, 1–2-mal täglich, max. 3–4 Gaben

Analbeutelerkrankungen

Analbeutel werden auch als Duftdrüsen bezeichnet, sie befinden sich als haselnussgroße Säckchen an beiden Seiten des Afters und dienen dem Hund (Hündin und Rüde) zur Duftmarkierung (seine »Visitenkarte«), wobei bei jedem Kotabgang etwas von dem Drüsensekret abgegeben wird. Entzünden sich diese Duftdrüsen (z. B. durch Verstopfung der Ausführungsgänge) rutscht der Hund mit dem Hintern über den Boden, »fährt Schlitten«, als Versuch, den Analbeutel entleeren zu können. Sein After weist Schwellung (ein- oder beidseitig) und Rötung auf, der Hund hat Schmerzen, er hat evtl. Kotabsatzbeschwerden, beleckt oft seinen After, bebeißt evtl. auch seine Rute, das Drüsensekret kann eitrig-blutig sein. Aus der Entzündung wird nicht selten ein Abzess. Mögliche Ursachen: z. B. Veranlagung, lange Haare, Alter, Verstopfung, Verletzung.

Belladonna
Dosierung: C30, stündlich, max. 3 Gaben

Akutes Stadium, Schmerzlaute beim Kratzen, Schlittenfahren, der Hund zeigt erheblichen Berührungsschmerz, gleich zu Beginn der Entzündung.

Mercurius solubilis
Dosierung: D12, stündlich oder 2-mal täglich, max. 4 Gaben

Ätzende Sekrete, die den After sehr wund machen, heftiger Juckreiz, intensives Belecken; Schlittenfahren, wenn die Entzündung droht, in Eiterung überzugehen. Analfistel.
Verschlechterung: Warmwerden im Schlaf.

Hepar sulfuris
Dosierung: D12, stündlich oder 2-mal täglich, max. 4 Gaben

Abszessbildung, oder wenn eitriges Sekret sichtbar wird; super berührungs- und schmerzempfindlich, verträgt keine Kälte; Schwellung einer oder beider Seiten.
Verschlechterung: Kälte!

Silicea
Dosierung: D12, stündlich oder 2-mal täglich, max. 4 Gaben

Wenn es weiter eitert, oder auch wiederkehrende Analdrüsenentzündung mit Abszessbildungstendenz, z. B. jedes Jahr, in Perioden; auch zur Ausheilung nach eitriger Entzündung der Drüsen. Analfistel.
Hinweis: Nicht gemeinsam mit oder in Folge von *Mercurius* geben!

Fistelbildung, z. B. beim älteren Hund, eines der besten Mittel bei Abszessen im Übergang zur Fistelbildung oder bei derselben; eitrige, gelbschleimige Sekrete.

Calcium sulfuricum*
Dosierung: D12, stündlich oder 2-mal täglich, max. 5 Gaben

Sehr viel Juckreiz, der Hund ist zu immer wiederkehrender Analdrüsenentzündung veranlagt, er riecht oft unangenehm, mag nicht gebadet werden, ist selbstbewusst.
Verschlechterung: Warmwerden, Wasser.

Sulfur
Dosierung: C30 in Wasser, 1-mal täglich, max. 3 Gaben

Chronische Analbeutelbeschwerden, der Hund kratzt bis aufs Blut, fährt Schlitten, er riecht sehr unangenehm bis widerlich; oft lange Haare, wiederkehrende Beschwerden.

Psorinum*
Dosierung: C30 in Wasser, 1-mal täglich, max. 3 Gaben

Leberstörungen

Die Leber wird z. B. belastet, wenn sie vermehrte Entgiftung leisten muss (z. B. künstliches Futter, Wurmkur, Impfung, Infektion, Toxine), wobei der Hund evtl. weniger Ausdauer, Appetit und Durst hat. Bei akuter Leberentzündung (Hepatitis) zeigt der Hund Erbrechen, Durchfall, gelb/braunen Urin, Druckschmerz der Leber, Schwäche, evtl. Gelbfärbung der Mundschleimhaut, Fieber. Außer Fieber treten ähnliche Symptome bei Lebertumor auf, aber oft erst im Spätstadium. Der Tierarzt ist vonnöten. Die sanft und schadlos wirkende Homöopathie ist bei Lebererkrankung von Vorteil.

Leberbelastung (zur Unterstützung der Entgiftung)

Bewährt bei Leberbelastung, -störung, -vergrößerung; unterstützt die Entgiftung und den Abfluss. Und Diätkost oder fleisch- und fettarme Kost füttern!

Carduus marianus*
Dosierung: D1, 2-mal täglich, ca. 3 Wochen

Taraxacum*
Dosierung: D1, 2-mal täglich, 1 Woche

Der Löwenzahn hat eine große Beziehung zur Leber, zum Gallensystem, und hat sich zur Entgiftungsunterstützung bestens bewährt.

Chelidonium*
Dosierung: D4, 2-mal täglich, 10 Gaben

Schläft viel; Wechsel von viel/wenig Appetit, von Durchfall, normalem, zu festem Kot (heller, grau, weißlich, gelb); Bauchdruckschmerz rechts; Afterjuckreiz; niedergeschlagen.

Weitere Lebermittel

Phosphorus
Dosierung: D12, 2-mal täglich, max. 4–5 Gaben

Akute Leberentzündung; auch chronisch; Kot: grau-weiß, grün, gelb, Durchfall (bes. morgens); erbricht Futter; Gelbsucht; Blähungen; Bauch: hart, empfindlich. Nervös, schlank, verzagt, anhänglich.

Nux vomica
Dosierung: D12, 1–2-mal täglich, max. 4–5 Gaben

Leberschwellung (akut, chronisch); -stauung; Folge von Medikamenten, künstlichem Futter, Fettreichem; eher verstopft; Würgen/Erbrechen. Reizbar; miese Laune, niedergeschlagen.

Natrium sulfuricum
Dosierung: D12, 1–2-mal täglich, max. 4–5 Gaben

Chronische Leberleiden; sehr bewährt, wenn z. B. oft Durchfall (dunkel, grünlich, oft morgens) mit viel Blähungen auftritt; Bauchdruckschmerz; Gelbsucht.

Lycopodium
Dosierung: C30 in Wasser, 1-mal täglich, max. 3 Gaben

Chronische Leberstörungen, Typmittel, Hunde, die sich aufspielen, andere dominieren, aber keine Falschheit, sie warnen vorher, ziehen sich zurück, wenn andere größer/dominanter sind; freundlich, aber wenig Selbstvertrauen.

Sulfur
Dosierung: C30 in Wasser, 1-mal täglich, max. 3 Gaben

Verdacht auf Leberbeschwerden, neigt zu dünnem Kot, Körpergeruch; selbstbewusster, intelligenter, spielfreudiger Typ, der bei Lob alles gibt, gut hütet und schützt.

HARNWEGE

Blasenentzündung (Zystitis)

Vermehrter Harndrang, häufiges Harnlassen (z. B. angestrengt, mit Schmerzen, jeweils kleine Menge, nur Tropfen), Harn evtl. nicht halten können, evtl. Fieber, wenig Appetit, Mattigkeit, trüber bis blutiger Urin. Immer Fiebermessen, genug Wasser anbieten, Ruhe, Warmhalten! Häufige Ursachen: Erkältung, Bakterien (dann Fieber), überdehnte Blase (z. B. Hund konnte/durfte länger nicht urinieren), Harnsteine. Den Tierarzt aufsuchen. Die Homöopathie hat sich hier sehr gut bewährt.

Harnblasenentzündung, akut

Ständiger Harndrang, häufiges Harnlassen (bei geringster Neufüllung der Blase); Urinieren: tropfenweise, schmerzhaft, schwer zu halten. Urin: trübe, blutig!; Zittern; Unruhe; hat Durst. Akut, auch chronischer Harnwegsinfekt. **Auslöser:** Kälte, Nässe, bakteriell.

Cantharis
Dosierung: D6, ½-stündlich, max. 8 Gaben

Durch trockene Kälte; trockenen Wind (Nordost); schmerzhaftes Harnpressen mit ruhelosen Versuchen; Angst; sehr geringe, aber auch reichliche Urinmenge. Hochakut.

Aconitum
Dosierung: C30, stündlich, max. 3 Gaben

Blutiger Urin, feuerrot; auch trübe; nach langem Pressen geht tropfenweise Urin ab; fortwährender Harndrang!; Fieber; fühlbar heiße Haut; viel Durst; streckt den Rücken. **Auslöser:** Kaltwerden.

Belladonna
Dosierung: C30 in Wasser, stündlich, max. 3 Gaben

Brennnesseltee zusätzlich geben!, wirkt harntreibend, heilsam. 1 Beutel oder 1 gehäuften Teelöffel auf 1 Tasse. Nicht bei Herzschwäche!

Urtica
Dosierung: 1–2 Tassen je Tag, ca. 4 Tage

Harnblasenentzündung durch Kälte, Nässe

Sehen Sie auch *Cantharis, Aconitum, Belladonna* (Harnblasenentzündung, akut).

Pulsatilla
Dosierung: C30 in Wasser, 2-stündlich, max. 3 Gaben

»Verliert« Urin, tropfenweise, ein Bächlein (auch vor Freude, unterwürfig); viel Harndrang, Harnlassen schmerzt; Urin: wasserhell, gelbbraun; wenig Durst, evtl. Fieber. Akut, chronisch. **Auslöser:** Kaltwerden!, Läufigkeit.

Dulcamara
Dosierung: C30 in Wasser, 2-stündlich, max. 3 Gaben

Folge von Nasswerden (durch-und-durch), auch Wetterwechsel von warm zu kalt; Harnlassen schmerzt (trübe, milchig, schleimig); viel Harndrang in Kälte; gereizte Laune.

Nux vomica
Dosierung: C30 in Wasser, 2-stündlich, max. 3 Gaben

Krampfhaftes Harnen; (wenig Urin trotz voller Blase); Schmerz sofort danach; gekrümmter Rücken; berührungsempfindlich; angespannt, rasch gereizt, übellaunig.
Auslöser: Auch durch Medikament-Nebenwirkung.

Blasenschwäche (Inkontinenz)

Der Hund kann seinen Harn nicht halten, verliert Tropfen oder größere Mengen. Bei Welpen nicht ungewöhnlich, beim erwachsenen Hund ist es krankhaft. Auslöser: z. B. Nervosität, Hormonveränderungen, Kastration, Alter, Harnverhalten, Blasenlähmung, chronische Nierenleiden.

Die jeweiligen Auslöser finden Sie bei den Arzneisymptomen, besondere Auslöser sind extra aufgeführt.

Pulsatilla
Dosierung: C30, 1-mal täglich, max. 3 Gaben

Durch Freude, Kaltwerden, Stress im Haushalt, Alleinsein, zur Zeit der Geschlechtsreife!
Auslöser: Auch durch Kaltwerden.

Causticum
Dosierung: C30, 1-mal täglich, max. 3 Gaben

Erschütterung des Körpers, verliert dadurch Harn (z. B. Fahren, Laut geben, Husten, laute Geräusche), auch durch Kälte!, schwache Blase tagsüber/nachts (Tropfen, größere Menge).
Auslöser: Auch durch langes Harnverhalten.

Gelsemium
Dosierung: C30, 1-mal täglich, max. 3 Gaben

Angst, stressige Ereignisse, Aufregung; häufiger Harndrang, es fließt oft wenig Harn, wenn er urinieren »soll«; zittrig; Nervenleiden. Unruhig oder oft schläfrig.

Hyoscyamus
Dosierung: C30 in Wasser, 1-mal täglich, max. 3 Gaben

Nervenbündel, nervlich übererregte Hunde; wütendes Kläffen, lassen im Haus Urin (evtl. auch Kot) ohne Reue; während der Hitze; starker Sexualtrieb.
Auslöser: Auch durch Eifersucht.

Natrium chloratum
Dosierung: C30 in Wasser, 1-mal täglich, max. 3 Gaben

»Schüchterne Nieren«, kann in Gegenwart anderer nicht urinieren, macht ins Haus (oft nachts); Blasenschwäche durch Kummer (auch des Halters), beim Husten, Bellen. Fremdelnd, reserviert, angespannt; auch chronisches Nierenleiden.

Sepia
Dosierung: C30 in Wasser, 1-mal täglich, max. 3 Gaben

Schnell gestresst, oft Hündin; gleichgültig, hart im Nehmen, vermännlicht, versucht zu dominieren; schwache Blase oft nachts; viel Harndrang, Urin geht verzögert ab.
Auslöser: Auch Läufigkeit, Tragzeit, Kastration, Alter.

Arsenicum album
Dosierung: C30 in Wasser, 1-mal täglich, max. 3 Gaben

Der alte Hund, schlank, mager, unsicher, alles muss »nach Plan laufen«, Angst; ruhelos, bei Krankheit rasch kraftlos, leidet sehr, Blasenschwäche oft nachts; auch chronisches Nierenleiden.

Thuja
Dosierung: C30 in Wasser, 1-mal täglich, max. 3 Gaben

Harntröpfeln (als wäre die Blase stets ungenügend geleert), durch Prostatavergrößerung, Infektionen, Impfung, auch schweres Harnlassen, viel Harndrang.

Arnica
Dosierung: C30 in Wasser, 2-mal täglich, max. 3 Gaben

Nach Geburt (Hündin), auch nach Operation, Kastration; matt, Unruhe bei Liegen; verliert Tropfen/größere Urinmenge; überempfindlich bei Berührung.

GESCHLECHTSORGANE, WEIBLICH

Richtwerte für Geschlechtsreife, -zyklus und Tragzeit der Hündin

- Erste Läufigkeit (Hitze): 6. bis 12. Lebensmonat, spätestens bis zum 18. Monat, je nach Rasse, Größe, Typ.
- Abstand zwischen den Läufigkeiten: ca. 6 bis 8 Monate.
- Dauer der Läufigkeit: 21 Tage.
- Erhöhte Deckbereitschaft: ca. vom 10. bis zum 14. Tag nach Läufigkeitsbeginn, aber eine Befruchtung kann auch außerhalb dieser Zeit erfolgen!
- Nachweis von Trächtigkeit: am genauesten ab 1. Monat nach dem Deckakt.
- Dauer der Trächtigkeit: ca. 63 Tage +/- 5 Tage ab dem Zeitpunkt des Deckens.

Ausbleiben der Läufigkeit (Hitze)

Ausbleiben der Hitze (zeitweise oder völlig) mit Blutausfluss: z. B. Nichteintreten bis zum Alter von 18 Monaten; bei ausgewachsener Hündin ohne ersichtlichen Grund; nach einer Geburt. Ursachen: z. B. Unterfunktion der Eierstöcke, hormonelles Ungleichgewicht, Erkrankung, Veranlagung.

Pulsatilla
Dosierung: D6, 2-mal täglich, max. 8 Gaben

Hitze bleibt aus zur Geschlechtsreife; oder kommt zu spät, zu spärlich!, setzt zeitweise aus!; liebe »Spätzünderin«, begrüßt (fast) jeden freundlich, anhänglich, angepasst.
Auslöser: Hormone, Aufregung, Veranlagung.

Aristolochia*
Dosierung: D12, 1-mal täglich, max. 6 Gaben

Unterentwickelte Geschlechtsorgane; Hitze kommt nicht; vor allem wenn ungewohnt niedergeschlagen, müde, menschenscheu; Gewichtszunahme; großer Appetit.

Graphites
Dosierung: C30, 1-mal täglich, max. 3 Gaben

Träger Typ (wie »schieb-mich-zieh-mich«); Trägheit besser durch längeres Gehen; gefräßig; zu viel/zu wenig Gewicht; ausbleibende Hitze; Hormonmangel; Blähungen; Ekzem, Analdrüsen.

Freundlicher Typ; rasch mollig, unkompliziert; nicht dominant, nicht ängstlich, eher friedfertig, aber auch sturköpfig; Spätentwickler; Unterfunktion der Eierstöcke.

Calcium carbonicum
Dosierung: C30, 1-mal täglich, max. 3 Gaben

In Folge von Hormonspritzen zur Unterdrückung der Hitze (sie tritt nicht mehr ein, wenn diese eingestellt werden); Typ: eifersüchtig, selbstständig, selbstbewusst, überaktiv.
Auslöser: Auch wenn 2. Hund kommt.

Lachesis
Dosierung: C30 in Wasser, 1-mal täglich, max. 3 Gaben

Folge von Geburt, Säugen der Welpen; erschöpfende Aufzucht; erschöpfte Hündin; Hitze bleibt aus oder ist kaum merkbar.

Sepia
Dosierung: C30, 1-mal täglich, max. 3 Gaben

Läufigkeitsstörungen, Dauerläufigkeit

Bei verlängerter Läufigkeit hält der blutige Ausfluss länger als 21 Tage an. Bei zu häufiger Läufigkeit hat die Hündin 3–4 Hitzen im Jahr, bei unregelmäßiger Hitze wechselt ihr zeitliches Auftreten. Die Dauerläufigkeit tritt vor allem bei älteren Hündinnen auf. Ursachen: Futter, Veranlagung, Stress, Alter, Störungen der Hypophyse, der Eierstöcke, des Hormonhaushalts, Alter, Geschwüre. Klärung der Ursache ist erforderlich.

Zu lange, zu häufige Läufigkeit; starke, kräftig gefärbte Blutausflüsse; auch zu frühzeitige Hitze; Energiebündel, nach kurzer Pause wieder fit; Interesse an allem/jedem; kann nicht alleine sein; Furcht in der Dämmerung.

Phosphorus
Dosierung: C30 in Wasser, 1-mal täglich, max. 3 Gaben

Verlängerte Läufigkeit, blutet stark, hellrot; Dauerläufigkeit!; dauerhaft wässrig-roter Ausfluss (vermehrt bei Bewegung); ältere/alte Hündin.

Sabina*
Dosierung: C30, 1-mal täglich, ca. 3 Gaben

Dauerläufigkeit; auch verlängerte und zu häufige Läufigkeit; Blutausfluss: stark, spärlich, hellrot, wässrig-rot, dunkelrot; auch aussetzend, bei jeder Gelegenheit wieder einsetzend.

Ustilago maydis*
Dosierung: D6, 3-mal täglich, max. 10 Gaben

Sulfur
Dosierung: C30 in Wasser, 1-mal täglich, max. 3 Gaben

Wird im Jahr zu oft läufig; Folgen von Infekten, Hautausschlägen, Eiterungen, von Antibiotika; bis zu 4 Hitzen im Jahr; starker Körpergeruch (vorher/nachher).

Lycopodium
Dosierung: C30 in Wasser, 1-mal täglich, max. 3 Gaben

Zu häufig läufig, auch zu starker Blutausfluss; schlechte Laune vor der Hitze. Dominiert Rangniedrige, weicht Ranghohen oft aus; intelligent; mag Einengung und Leistungsdruck nicht.

Ipecacuanha
Dosierung: D12, 2-mal täglich, max. 5 Gaben

Zu reichlicher Blutausfluss, jeweils ein Guss, hellrot; evtl. Würgen und Erbrechen während der Läufigkeit; auch Blutausfluss während der Tragzeit.

Pulsatilla
Dosierung: C30 in Wasser, 1-mal täglich, max. 3 Gaben

Unregelmäßige Hitze, mal zu früh, mal zu spät, mal gar nicht (meist zu spät); während der gesamten Hitze ist vieles veränderlich, auch die Gemütslage (bes. vor Eintritt).

Scheinträchtigkeit (Pseudogravidität)

Ungefähr 4 bis 9 Wochen nach Läufigkeit verhält sich die unbefruchtete Hündin so, als ob sie trächtig wäre und Junge bekommt. Anzeichen: Verhaltensänderungen (z. B. müde, träge, aggressiv, nervös, appetitlos), Milchbildung/-sekretion, mütterliches Verhalten (Nest bauen, Spielzeug etc. adoptieren, Beschützer-/Verteidigungsinstinkt, Jaulen). Ursache: z. B. Veranlagung, Hormonstörung (z. B. durch hormonell unterdrückte Läufigkeit, Kastration gleich nach Läufigkeit). Zusätzlich zur Homöopathie hilft wenig Eiweiß und viel Bewegung!

Pulsatilla
Dosierung: C30, 1-mal täglich, max. 3 Gaben

Jault und leidet, braucht Trost; fühlt sich besser bei Bewegung im Freien!; wechselhaft, nachgiebig, anhänglich, gierig/appetitlos, mütterlicher Typ; viel Nestbau; Milchbildung, wenig Durst. **Verschlechterung:** Im Haus, Wärme.

Schwer einschätzbares Verhalten, ungewohnt abweisend, misstrauisch, reizbar, unruhig, ängstlich, apathisch, reserviert; Körpergeruch; zu dick/zu mager; oft dunkles Fell. **Verschlechterung:** Fremde, Nässe.

Thuja
Dosierung: C30 in Wasser, 1-mal täglich, max. 3 Gaben

Hysterisches Verhalten; intensiv, kaum zu übersehen/-hören; Winseln, Jaulen; nimmt alles übel; will keinen Trost, will ihre Ruhe; wehrhaft; Nestbau, aber unbeständig, kaum Milch.

Ignatia
Dosierung: C30, 1-mal täglich, max. 4 Gaben

Sucht Wärme, Schutz; schläft viel; will ihre Ruhe, aber besser durch Bewegung; nervös, gereizt; Nestbau, Milchbildung; hat sonst unregelmäßige Läufigkeit, früh, zu stark.

Cyclamen*
Dosierung: D12, 1-mal täglich, max. 5 Gaben

Milchbildung; Hysterie und Trägheit im Wechsel; starker Eigengeruch; Rüden zeigen weiterhin Interesse; Blähungen, Rülpsen; geräuschempfindlich; aggressiv.

Asa foetida*
Dosierung: D6, 2-mal täglich, max. 8 Gaben

Milchrückbildung, hier hat sich die Brennnessel in Potenzierung bewährt.

Urtica
Dosierung: D8, 2–3-mal täglich, max. 10 Gaben

Milchdrüsenentzündung (Mastitis)

Kann auch bei Hündinnen auftreten, die nicht säugen (z. B. bei Scheinträchtigen). Rötung, Hitze, Schwellung, Berührungsschmerz einer Drüse oder der ganzen Milchleiste; Fieber, Mattigkeit, wässriger, blutiger bis eitriger Milchfluss. Ursachen: Überbeanspruchung, Verletzung, Bakterien. Pflege: Kühlung, äußerlich *Echinacea*-Tinktur 1:10 mit Wasser verdünnt und Quark.

Plötzlicher Beginn von örtlicher Entzündung oder/und allgemein schlechtem Befinden; sehr berührungsempfindlich, unruhig. Folgen von Kälte, Schreck, Schock.

Aconitum
Dosierung: C30, ½-stündlich, max. 2–3 Gaben

Belladonna **Dosierung:** C30, stündlich, max. 3 Gaben	Rot, heiß, geschwollen; berührungsempfindlich; Durst; vor Entzündung evtl. ungewohnt gereizt; hilft rasch, wenn im akuten Stadium gegeben. **Verschlechterung:** Druck.
Apis **Dosierung:** C30, stündlich, max. 3 Gaben	Nach *Belladonna*, wenn diese nicht geholfen hat; teigartige, wie zum Platzen gefüllte oder harte, blassrote, rote Schwellung, Wärme bis Hitze; evtl. Fieber, Sekret. **Besserung:** Kühlung!
Phytolacca **Dosierung:** D12, stündlich, max. 4 Gaben	Harte Schwellung der Milchdrüse/-leiste; heiß, schmerzhaft; Milchsekret: wässrig, eitrig; auch bei nicht säugender/scheinträchtiger Hündin; auch während der Hitze.
Hepar sulfuris **Dosierung:** D12, stündlich, max. 4 Gaben	Eitriges Sekret; extrem schmerz/berührungsempfindlich, aber nicht mehr so harte Milchdrüse; empfindlich gegen Kühlung!, Kälte; sucht warme Plätze.
Arnica **Dosierung:** C30, stündlich, max. 3 Gaben	Mastitis nach Prellung; stumpfer Verletzung; rot, heiß, geschwollen, sehr berührungsempfindlich; wässrig, blutiges Sekret. **Verschlechterung:** Berührung.
Conium* **Dosierung:** D12, 2-mal täglich, max. 5 Gaben	Harter Knoten am Gesäuge, Folge von Stoß, Schlag, Prellung; schmerzhafte, harte, tumorartige Schwellung, doch Druck ist verträglich.
Lachesis **Dosierung:** C30, 2-mal täglich, max. 3 Gaben	Schwellung/Entzündung, wenn die Welpen abgesetzt sind; oder in Folge von Unterdrückung der Läufigkeit, Milchleiste sehr berührungsempfindlich; gereizte Hündin; evtl. schlechtes Allgemeinbefinden; Fieber.

GESCHLECHTSORGANE, MÄNNLICH

Entzündung der Vorhaut (Posthitis), der Peniseichel (Balanitis)

Tritt häufig gemeinsam auf (Balanoposthitis), mit Ausfluss (grün-, gelb-eitrig), häufigem Belecken des Rüden, geröteter Eichel, Bildung von klebrigem Schleim/Eiter. Auslöser: Ansammlung von Harn, Vorhautsekret, Bakterien, Viren, Fremdkörperteilchen.

Dicke Absonderungen, gelb-grünlich, grünlich; gerötete, schmerzhafte Eichel; evtl. angestrengtes Harnlassen. Typisch für *Mercurius* sind ätzende, wundmachende Absonderungen, besser durch Kühlung.
Verschlechterung: Abends, nachts.

Mercurius sublimatus corrosivus*
Dosierung: D12, 2-mal täglich, max. 5 Gaben

Eitriger Ausfluss; dick, gelb, gelb-grünlich, übelriechend, hartnäckig fortbestehend; schmerzempfindlich, allgemein sehr empfindlich.
Verschlechterung: Kälte.

Hepar sulfuris
Dosierung: D12, 2-mal täglich, max. 6 Gaben

Chronischer Ausfluss; nach dem Urinieren (schleimig, gelb, eitrig); übelriechender Harn/Ausfluss; Juckreiz; starker Sexualtrieb; evtl. Analdrüsenabszess, Warzen.

Acidum nitricum
Dosierung: D12, 2-mal täglich, max. 4 Gaben

Bei viel Harndrang, häufigem, angestrengtem Harnabsatz, Harntröpfeln; Ausfluss: blutig, eitrig, gelb, schleimig; Juck/Leckreiz.

Cantharis
Dosierung: D12, 2-mal täglich, max. 5 Gaben

Ausfluss, der wechselhaft ist, mal mehr/mal weniger, mal gar nicht; gelb bis grüngelb, nicht wundmachend; Leckreiz; nähesuchend, anhänglich; mag kühle Plätze.

Pulsatilla
Dosierung: D12, 2-mal täglich, max. 5 Gaben

Geschlechtstrieb, übermäßiger

Dieser ist bei Rüden individuell stark ausgeprägt (z. B. Jaulen, Streunen, erhebliche Unruhe, Onanie an z. B. Gegenständen), häufig ausgelöst durch eine läufige Hündin in der näheren/weiteren Umgebung.

Hyoscyamus **Dosierung:** C30, 1-mal täglich, max. 3 Gaben	Extremer Sexualtrieb, heftiges Abreagieren, muss sich abreagieren können; ein Nervenbündel, Tendenz zu Angriffslust und Rauferei ohne Reue; frühreif, eifersüchtig.
Calcium carbonicum **Dosierung:** C30 in Wasser, 1-mal täglich, max. 3 Gaben	Gemütlicher Typ; sexuell sehr triebhaft, stur und anhänglich bei Hündin; schwerere Rassen, behäbig, wenig gelenkig, lernt langsam, aber sexuell auffallend agil.
Phosphorus **Dosierung:** C30, 1-mal täglich, max. 3 Gaben	Feuer und Flamme, hellauf begeistert von mancher Hündin, zieht seinen Halter hinterher; »charmanter Draufgänger«, Angst beim Alleinsein, empfindlich, beeinflussbar.
Platinum* **Dosierung:** C30, 1-mal täglich, max. 3 Gaben	Dominanter Rüde, extremer Sexualtrieb, wechselhafte Laune, Onanie; jede Hündin ist interessant; intelligent, merkt jede Unsicherheit, braucht klare Rangordnung; ist rasch erregt, wütig.
Nux vomica **Dosierung:** C30, 1-mal täglich, max. 3 Gaben	Hektische Hypersexualität, aber unsicher, zudringlich; macht Hündin nervös; nervlich/körperlich angespannter Typ; beißt bei Angst/Stress; ruhelos in der Fremde.
Sulfur **Dosierung:** C30, 1-mal täglich, max. 3 Gaben	Selbstbewusster Sexist; freundliche Kontaktsuche, rasch erregbar; robust, immer hungrig/durstig; mag kein Wasser/Baden; liebt Spielen, Beifall, Lob, wälzt sich mit Genuss.
Stramonium **Dosierung:** C30, 1-mal täglich, max. 3 Gaben	Auf seinen Menschen fixiert; starke Bindung; Angst beim Alleinsein (zerstört evtl. Gegenstände); unberechenbar, wenn erregt; heftiger Sexualtrieb, teils aggressiv; Onanie.

Vergrößerung der Vorsteherdrüse (Prostatahypertrophie)

Zur Vergrößerung der Vorsteherdrüse beim oft älteren Rüden kommt es häufig dann, wenn sein Hormonhaushalt aus dem Gleichgewicht gerät, was z. B. aus Altersgründen oder in Folgen von unregelmäßigem Decken oder nicht artgerechtem Decken passieren kann. Die Prostata umgibt die Harnröhre und liegt unterhalb des Mastdarms. Im Gegensatz zum Mann hat der Rüde weniger Beschwerden beim Harnlassen (geringer Strahl, geringe Menge, langes Warten), sondern vielmehr beim Kotabsatz. Die Diagnose ist vonnöten. Die Homöopathie hat hier bewährte Mittel, auch als begleitende Therapie.

»Enthaltsamkeit«, wenn Rüden länger nicht mehr im Deckeinsatz waren, oder bei unregelmäßigem Decken in langen Pausen; Ausfluss von Prostatasekret, viel Harndrang, Schwäche und Zittern (Hinterlauf) nach dem Koten.

Conium*
Dosierung: C30 in Wasser, 1-mal täglich, max. 3 Gaben

Dominant bei Unterlegenheit/unterwürfig bei Dominanz von seinem Gegenüber; reizbar, braucht Nähe/aber kein Schmusen. Schlank, aber dicker Bauch. Spärliches, auch blutiges Urinieren, Kotabsatzbeschwerden, evtl. Hinterhandschwäche.
Besserung: Fortgesetzte Bewegung.

Lycopodium
Dosierung: C30 in Wasser, 1-mal täglich, max. 3 Gaben

Wenn Entzündung voranging; erstes Mittel bei Prostatitis, auch mit Beschwerden nach Harnlassen (Unwohlsein), Wechselhaftigkeit; desgleichen bei Schwellung; ältere Rüden.
Verschlechterung: Wärme.

Pulsatilla
Dosierung: C30 in Wasser, 1-mal täglich, max. 3 Gaben

Der alte Rüde, oft bewährt im Alter mit all seinen Erscheinungen, Vergrößerung mit Harndrang oder/und Kotabsatzproblemen; evtl. wenig Appetit, zurückgezogen, scheu, traut sich nicht; Vergesslichkeit.
Verschlechterung: Kälte, Nässe.

Barium carbonicum*
Dosierung: C30 in Wasser, 1-mal täglich, max. 3 Gaben

BEWEGUNGSAPPARAT

Rheuma (Sehnen, Muskeln, Gelenke)

Unter »Rheuma« (griech. = reißender, ziehender Schmerz) fallen alle Krankheiten des Bewegungsapparates, die nicht durch Verletzung, Infektion oder tumoröse Veränderung verursacht sind. Sind Gelenke betroffen (nicht infektiöse Gelenkentzündung), so schwellen diese an bis hin zum Gelenkerguss. Anzeichen: Schmerz, Lahm-, Steifheit, (oft schubweise auftretend, schlechter/besser: in Ruhe, durch Bewegung, Wärme, Kälte), Schwellung, Verhärtung, wandernde Muskel-Gelenkleiden, evtl. Mattigkeit, wenig Appetit. Häufige Auslöser: Eiterherde, Veranlagung, Erkältung, Stoffwechsel, Ernährung, Klima. Die tierärztliche Diagnose ist notwendig.

	Muskelrheuma, Besserung durch Bewegung
Rhus toxicodendron **Dosierung:** C30 in Wasser, 2-mal täglich, max. 4 Gaben	Hund läuft sich ein; er geht erst lahm/klamm, geht zunehmend besser, Schmerz/Lahmheit kehrt nach Anstrengung evtl. wieder. Akut, weniger akut. Beine, Rücken, Lende, Hals. **Auslöser:** Nässe, Überanstrengung.
Pulsatilla **Dosierung:** D12, 2-mal täglich, max. 4–5 Gaben	Veränderliche Beschwerden (mal so, mal so). Freundlich, findet jeden nett, unterwürfig, auch mal zickig, schmust gerne, sucht Nähe/Anschluss. Akut, weniger akut. Beine, Hüfte. **Auslöser:** Veranlagung, unterdrückte Hitze. **Besserung:** Langsame Bewegung.
Rhododendron **Dosierung:** D12, 2-mal täglich, ca. 4–5 Gaben	Wetterfühlig, Rheuma ausgelöst/verschlechtert: vor oder beim Erscheinen von Regen, Sturm oder Gewitter; wechselhafte Beschwerden. Akut, weniger akut, chronisch. Beine, Hals.
Sulfur **Dosierung:** D12, 1-mal täglich, max. 5 Gaben	Durch Nässe, Kälte, Bewegungsmangel; läuft sich ein; Fell-/Hautprobleme; geruchsintensiv; Stoffwechsel; weniger akut, chronisch. Rücken, Hinterläufe.

Muskelrheuma, Bewegung verschlechtert

Passt auch zu *Rhus toxicodendron* (Muskelrheuma, besser durch Bewegung), da schlechter am Ende der Bewegung.

Jede Bewegung schmerzt; liegt auf der schmerzhaften Seite; evtl. auch besser durch fortgesetzte Bewegung. Gereizt, wenn er nicht in Ruhe gelassen wird; viel Durst. Alle Körperbereiche.

Bryonia
Dosierung: C30 in Wasser, 2-mal täglich, max. 3 Gaben

Mag keine Berührung (Furcht, Ausweichen, Schmerzlaute, gereizt, bissig); häufiger Lagewechsel im Liegen, will seine Ruhe; liegt viel; wenig Energie. Alle Körperbereiche.
Auslöser: Verletzung, Überanstrengung.

Arnica
Dosierung: C30 in Wasser, 2-mal täglich, max. 3–4 Gaben

Muskelrheuma, Hals-, Rücken- und Lendenbereich

Sehen Sie auch *Rhus toxicodendron* und *Sulfur* (Besserung durch Bewegung) und *Arnica* (Bewegung verschlechtert).

Bewährtes Mittel; steif und lahm, kann sich schwer/kaum bewegen; anfallsweise auftretend; sehr schmerzhaft, empfindlich: Berührung, Geräusch. Akut, chronisch.
Auslöser: Nässe, Kälte.

Nux vomica
Dosierung: C30 in Wasser, 2-mal täglich, max. 3–4 Gaben

Bewegung bessert; Rücken-Lendenbereich; staksige Bewegung; Hund riecht übel; er kann nicht ruhig liegen; häufige Lageänderung.
Auslöser: Nasskaltes Wetter.

Mercurius solubilis
Dosierung: D12, 2–3-mal täglich, max. 4–5 Gaben

Rücken-, Halsbereich; krampfhaft nach einer Seite gehaltener Kopf (oft rechts); oder steifes im Rücken, kann von Sitz/Platz kaum hochkommen. Akut, weniger akut.
Auslöser: Zugluft, trockene Kälte, Wärme.

Causticum
Dosierung: C30 in Wasser, 2-mal täglich, max. 4 Gaben

Gelenkentzündung, nichtinfektiöse (Arthritis)

Gehört zu den rheumatischen Erkrankungen. Nähere Angaben siehe unter »Rheuma«.

Gelenkentzündung, akute

Belladonna
Dosierung: C30, stündlich, max. 3 Gaben

Schwellung, Hitze, Schmerz des Gelenks; Hund geht akut lahm; jede Erschütterung und Berührung schmerzt; viel Durst, evtl. erhöhte Körpertemperatur. Kälte verschlechtert.

Apis
Dosierung: C30, stündlich, max. 3 Gaben

Ödematöse Schwellung; wassersuchtartig; teigartig, auch hart; jede Berührung schmerzt sehr; Bewegung fällt schwer; matt, ruhelos. **Verschlechterung:** Wärme.

Bryonia
Dosierung: C30, stündlich, max. 3 Gaben

Gelenkschwellung; Erguss; jede Bewegung schmerzt!; liegt auf der schmerzhaften Seite; Druck bessert; großer Durst, trinkt viel auf einmal; will in Ruhe gelassen werden. Knie-, Schulter-, Sprunggelenk.

Ledum
Dosierung: C30, stündlich, max. 3 Gaben

Kälte bessert (Wasser, Umschläge, Witterung); wenig Gelenkerguss; Lahmgehen teilweise besser oder schlechter durch Bewegung; sucht Kühlung. Akut, chronisch. Oft Knie-, Fußgelenke.

Gelenkentzündung, weniger akute

Passt auch zu *Ledum* (Gelenkentzündung, akute), *Rhus toxicodendron* (Muskelrheuma, Besserung durch Bewegung).

Pulsatilla
Dosierung: C30 in Wasser, 1–2-mal täglich, max. 4 Gaben

Veränderliche Beschwerden; mal hier, mal dort; mal mehr, mal weniger Lahmheit. Hund leidet auffallend, sucht Nähe; sucht Kühlung, liebt Trost, Massage; wenig Durst.

Wandernde Beschwerden, (erst links, dann rechts; von oben nach unten); Arthritis tritt schubweise auf; mit Urinveränderung, mit Augenleiden; Sehnen-, Muskelbeschwerden.

Acidum benzoicum*
Dosierung: D12, stündlich, max. 5 Gaben

Folge von Impfung, auch von Infektionen; plötzliche Auftreten und Nachlassen der Beschwerden; wechselhaftes Lahmgehen; Knacken der Gelenke. Auch chronisch.

Thuja
Dosierung: C30 in Wasser, 1–2-mal täglich, max. 4 Gaben

Im Frühjahr und Herbst; Arthritis wandert häufig von der linken zur rechten Seite; geringste Bewegung/Berührung schmerzt; Hitze und Gelenk geschwollen, warm; Blähungen.

Colchicum*
Dosierung: D12, 3–4-mal täglich, max. 4 Gaben

Gelenkentzündung, chronisch (Arthrose)

Wurde bei Ihrem Hund Arthrose diagnostiziert, so ist diese nicht heilbar, wobei man seine Beschwerden durch Homöopathie gut lindern kann. Die Arthrose, die auch als »Gelenkverschleiß« bezeichnet wird, beginnt mit leichten Veränderungen der knorpeligen Gelenkoberfläche. Der Knorpel, der normalerweise glatt ist, weist Unebenheiten auf, und die Knorpelschicht wird dünner, bis sie teilweise verloren geht. Der Gelenkspalt verschmälert sich, und die Gelenkkapsel verliert ihre Elastizität. In späteren Stadien reagiert auch der Knochen mit Wucherungen, bis sich evtl. das ganze Gelenk verformt. Folgen sind eingeschränkte/schmerzhafte Beweglichkeit, Lahmgehen, auch Einlaufen des Hundes. Es gibt die Arthroseform, die durch Überbeanspruchung (auch zu frühzeitige) entstanden ist, und diejenige, welche sich z. B. aus einer nicht ausgeheilten akuten Arthritis entwickelt hat.

Basistherapie bei Arthrose

Die Brennnessel ist Bestandteil vieler Gelenkmittel, nicht zuletzt durch ihre entzündungswidrige, ausleitende Wirkung.

Urtica
Dosierung: D1, 1-mal täglich 1 Tablette

Harpagophytum
Dosierung: D6,
1-mal täglich,
zunächst 10 Tage

Hat eine Beziehung zu den Hüftgelenken, auch zur Brust- und Lendenwirbelsäule; Verschlechterung durch Bewegung, bei Wechsel von trockenem zu nassem Wetter; Lahmgehen besser nach Ruhe.

Weitere Mittel bei Arthrose

Causticum
Dosierung: D12,
1-mal täglich,
max. 6 Gaben

Hat Mühe, nach dem Aufstehen in Gang zu kommen, trotzdem wie getrieben; innere Unruhe; streckt/dehnt sich gerne; gähnt häufig; Knacken der Gelenke; schwere Formen von Arthrose, erhebliche Deformation.
Verschlechterung: Trockene/s Wetter, Kälte.

Rhus toxicodendron
Dosierung: D12,
1–2-mal täglich,
max. 6 Gaben

Wenn sich der Hund einläuft, ist dieses Mittel oft hilfreich; er läuft im Beginn schwer, wird in der Bewegung besser, zeigt nach dem Gehen evtl. wieder Beschwerden.
Verschlechterung: Kälte, Nässe!

Bryonia
Dosierung: D12,
1–2-mal täglich,
max. 6 Gaben

Besserung gleich nach Ruhe/dem Aufstehen, läuft sich aber oft nicht ein, schlechter durch Bewegung. Gelenkschwellung; akute Schübe.

Acidum benzoicum*
Dosierung: D6,
2-mal täglich,
max. 10 Gaben

Bei gleichzeitigem Nierenleiden, oder auch Herzerkrankung, kann dieses Mittel durchaus hilfreich sein. Urin ist evtl. dunkel gefärbt oder im Endstrahl dunkel.

Calcium carbonicum
Dosierung: D12,
1-mal täglich,
max. 5 Gaben

Häufig ein kräftiger Typ, gemütlich, freundlich, ggf. ängstlich, verfressen; liegen gerne, ungeschickt, schlechter durch Bewegung, Kälte, morgens. Oft rechtsseitig.

Schlechter nach Ruhe, besser bei fortgesetzter Bewegung; Folgen von Überbeanspruchung; Überbeine; schlank bei gute Fütterung, Heißhunger, Schwanken zwischen Unruhe und Trägheit; geräuschempfindlich; ängstlich.
Besserung: Futter, fester Druck, Wärme.

Calcium fluoratum*
Dosierung: D12
1-mal täglich,
max. 5 Gaben

Sehnenüberbeanspruchung, Sehnenscheidenentzündung (Tendovaginitis)

In beiden Fällen geht der Hund auf dem betroffenen Bein lahm (gering-, mittel-, hochgradig), bei starker Beanspruchung und vor allem bei Entzündung fühlt man eine warme Schwellung. Wiederholte Überbeanspruchung, z. B. durch Sport, Jagd, oder Verletzung sind oft die Ursache. Der Hund braucht Ruhe, evtl. Ruhigstellung des Beines.

Folgen von Übermüdung, übermäßige Anstrengung, Laufen auf wechselhaftem Gelände oder Untergrund.
Verschlechterung: Berührung.

Arnica
Dosierung: C30,
2-mal täglich,
max. 4 Gaben

Überanstrengung, Entzündung von Sehnen, Bändern; auch Zerrung, geringes, mittel- bis hochgradiges Lahmgehen. Schlechter zu Beginn und am Ende der Bewegung.

Rhus toxicodendron
Dosierung: D12,
2-mal täglich,
max. 4–5 Gaben

Bewegt sich nicht; vermeidet jede Bewegung, rührt sich ungern vom Fleck; Verband bessert sehr; warme Schwellung; Wärme/Druck/Massage ist angenehm!
Besserung: Bandage, Ruhe.

Bryonia
Dosierung: D12,
2-mal täglich,
max. 5 Gaben

Chronische Überbeanspruchung (Sehnen, Bänder); akut bis chronische Entzündung; Lahmheit, Wärme, Schwellung; auch knotige Sehnenverdickung.
Verschlechterung: Durch Bewegung!

Ruta
Dosierung: D12,
2-mal täglich,
max. 5 Gaben

Calendula **Dosierung:** D12, 2-mal täglich, max. 5 Gaben	Zerrungen (Sehnen, Bänder), z. B. Haarrisse bei Überdehnung; auch bei Sehnen/Bänderdurchtrennungen bewährt.
Silicea **Dosierung:** D12, 2-mal täglich, max. 5 Gaben	Chronische Entzündung (Sehnenscheide und Schleimbeutel); Beziehung zum Bindegewebe; evtl. stellenweise harte, derbe Verdickung; auch zur Nachbehandlung.
Calcium phosphoricum **Dosierung:** D12, 2-mal täglich, max. 5 Gaben	Schlanker »Zappelphilipp«, besser durch Ablenkung, schlechter durch Bewegung, Anstrengung!, Überforderung, Kälte!; läuft sich häufig nicht ein; Hüfte, Ellenbogen; Exostosen.

Rückenschmerzen

Hier ist durch Fachkundige die Ursache herauszufinden. Häufige Ursachen sind: Überanstrengung, (Sport-)Verletzung, Erkrankung von Gelenken, Muskeln, Sehnen, Bändern (auch die dadurch bedingte Schonhaltung), Schädigung durch Halsbänder sowie u. a. Blockaden und Erkrankung der Wirbelsäule, der Wirbelkörper und Bandscheiben. Häufige Anzeichen: Bewegungsunlust, steifer Gang, aufgekrümmter Rücken, Lahmgehen, Lähmungserscheinungen, Schmerzäußerung.

Rhus toxicodendron **Dosierung**: C30, 2–3-mal täglich, max. 4 Gaben	Folgen von Nässe, Kälte, Überanstrengung, Verletzung; Bewegungsstörung schlechter zu Beginn des Gehens/besser durch fortgesetztes Gehen; häufiger Lagewechsel, streckt sich ggf. häufig, Lähmungserscheinungen, »Dackellähme-Syndrom«. **Besserung:** Wärme!
Hypericum **Dosierung:** C30, 2–3-mal täglich, max. 3–4 Gaben	Verletzung der Wirbelsäule, Bandscheibenvorfall, Nervenverletzung/-quetschung, extreme Schmerzen (schreit ggf. bei Berührung, Bewegung), Steifigkeit, ggf. Zittern, teilnahmslos oder (über-)erregt, Lähmungserscheinungen. **Verschlechterung**: Berührung, Kälte.

Lendenbereich, steifer Gang, Nachschleppen der Hinterbeine, ggf. aufgekrümmter Rücken, Beschwerden der Halswirbelsäule mit Lahmheit rechts vorne, (sehr) berührungsempfindlich, Lähmungserscheinungen, »Dackellähme-Syndrom«. Folgen von Kälte, Zugluft, Ärger, Überforderung.
Besserung: Wärme, Ruhe.

Nux vomica
Dosierung: C30, 2–3-mal täglich, max. 3 Gaben

Chronische Schmerzen im Lenden- oder Halsbereich, Erkrankung der Wirbelsäule, Steifheit des Rückens, schlechter nach Ruhe/besser durch fortgesetzte Bewegung, verträgt Druck/Beengung nicht, chronische »Dackellähme«. Intelligent, kein Schmuser, dominant, aber ggf. auch feige oder unterwürfig.
Verschlechterung: Wärme, Druck.

Lycopodium
Dosierung: C30, 1-mal täglich, max. 3 Gaben

Neigt zu Rückenschwäche und Hautbeschwerden, geht steif, müde, schwunglos, wie verrenkt oder »gebeugt«, Problemzone Lende/Halsbereich. Selbstständig, eher furchtlos, viel Durst und Futtergier, oft Körpergeruch.
Verschlechterung: Wärme, Stehen, Erschütterung.

Sulfur
Dosierung: C30, 1-mal täglich, max. 3 Gaben

Wechselhafte Rückenbeschwerden (Lende/Kreuzbein), schlechter nach Liegen oder Sitzen, besser durch fortgesetzte mäßige Bewegung, sanfte Massage und Trost, schlechter vor/nach Läufigkeit, nach Geburt. Liegt ggf. auf dem Rücken. Lieb, Nähe suchend, nachgiebig.
Verschlechterung: Wärme, Läufigkeit.

Pulsatilla
Dosierung: C30, 1-mal täglich, max. 3 Gaben

HAUT

Haarausfall, krankhafter (Alopecia)

Ursachen: z. B. Veranlagung, Ungleichgewicht der Hormone, des Stoffwechsels; Ernährungsfehler, Haltung, Nierenerkrankung, seelisch-nervliche Faktoren. Haarlichtung, -ausfall, vereinzelt, klein-/großflächig, klar umrissene bis kreisrunde Bezirke, auch über den ganzen Körper, mit/ohne Juckreiz. Diagnose (auch Parasitenbefall) ist zu klären.

Sepia
Dosierung: C30 in Wasser, 1-mal täglich, max. 3 Gaben

Hormonstörungen; oft Hündin; Fell lichtet sich. Selbstständiger Typ, wenig schmusig; eher gleichgültiger; hat gerne seinen Menschen um sich, möchte aber seine Ruhe.

Phosphorus
Dosierung: C30 in Wasser, 1-mal täglich, max. 3 Gaben

Büschelweise; Flecken; feines Haar. Feingliedriger Typ, anhänglich, begeistert über alles/jeden; sexuell; unruhig; unleidlich bis aggressiv, wenn die Beachtung fehlt.
Auslöser: Niere, Trockenfutter, Nerven; Cortison.

Lycopodium
Dosierung: C30 in Wasser, 1-mal täglich, max. 3 Gaben

Haarbruch; bricht an einzelnen Stellen ab; auch Haarausfall; kriegt graue Haare. Dominiert, aber wenig Selbstvertrauen; wird unangenehm, wenn zuviel Druck ausgeübt wird.
Auslöser: Leberstörung.

Graphites
Dosierung: C30 in Wasser, 1-mal täglich, max. 3 Gaben

Hormonelle Unterfunktion; oft Schilddrüse, auch Keimdrüsen; Hautprobleme; Ekzem; Ohr-/Gelenkbereich; stellenweise Haarausfall. Verfressen, träge, wird rasch dick.
Besserung: Gemütlicher Spaziergang.

Natrium chloratum
Dosierung: C30 in Wasser, 1-mal täglich, max. 3–4 Gaben

Schuppenbildung; trockene Haut; Haarausfall an kleinen Stellen, oft klar umschrieben, kreisrund. Reserviert, treu, angespannt, aggressiv bei Zudringlichkeit Fremder.
Auslöser: Kummer, Trockenfutter.

Durch Stoffwechselstörung, Antibiotika, unterdrückte Hautleiden; riecht oft unangenehm. Selbstbewusst; erforscht alles; fordert Aufmerksamkeit; hat viel Durst; stumpfes Fell.

Sulfur
Dosierung: D12, 1-mal täglich, max. 4 Gaben

Schuppenbildung, vermehrte

Kann viele Ursachen haben, z. B. unausgewogene Fütterung, Mineral-/Vitaminmangel, Impfung, Stress, Ektoparasiten (z. B. Milben), Hautpilze, Verwurmung, Hauterkrankungen, Hormon- oder Stoffwechselstörungen. Vermehrte Schuppen können z. B. auch bei Schilddrüsenüberfuktion/-unterfunktion, Diabetes, Leber- und Nierenleiden auftreten. Die Ursache ist abzuklären.

Weißliche Schuppen auf geröteter Haut; trockene Haut, feine Schuppen; evtl. Juckreiz. Sucht warme Plätze; viel Durst auf kleine Mengen; evtl. mattes Fell.

Arsenicum album
Dosierung: D12, 1-mal täglich, max. 5 Gaben

Trockene Haut; mehlige Schuppen bei blasser oder üblicher Hautfarbe; Juckreiz nach Schlaf. Ruhiger Typ, liebt sein Futter, sein Zuhause, lernt langsam, behält aber alles.

Calcium carbonicum
Dosierung: D12, 1-mal täglich, max. 4–5 Gaben

Trockene Haut, seltener fettige Haut; strenger bis übler Körpergeruch; evtl. starker Juckreiz vermehrt nach dem Baden!, durch Wärme.
Auslöser: Stoffwechselstörung, Antibiotika, Impfung.

Sulfur
Dosierung: D12, 1-mal täglich, max. 4–5 Gaben

Fettige Haut; reichlich weiße Schuppen; auch mehr Eigengeruch; Juckreiz; Folgen von Impfung!, Infektion, Hautausschlag unterdrückende Therapie.
Verschlechterung: Kälte, Nässe.

Thuja
Dosierung: C30 in Wasser, 1-mal täglich, max. 3 Gaben

Sepia
Dosierung: C30 in Wasser, 1-mal täglich, max. 3 Gaben

Hormonveränderung; oft Hündin; Folge von Läufigkeit, Trächtigkeit, Geburt, Säugen; Schuppen trocken oder fettig; »Hundegeruch«. **Verschlechterung:** Kälte.

Hautpilzerkrankungen (Dermatomykosen)

Dermatomykosen werden begünstigt durch z. B. Abwehrschwäche, Stress, Medikamente, Feuchtigkeit, Kontakt mit Chemikalien. Häufige Symptome der Gattung Microsporum: Runde Bereiche, auf denen die Haare abbrechen, Schuppen bis Krusten, Rötung, Juckreiz, sich vom Zentrum nach außen ausbreitend. Häufig bei der Gattung Trichophyton: Scharf begrenzte, rote, runzelige bis schuppende Flecken, ggf. bräunlich, mit Bläschen/Pusteln am Rand, Haarbruch/-ausfall, bis gut Zweieurostückgröße. Übertragbarkeit von Tier zum Mensch.

Echinacea-Tinktur*
Dosierung: 2-mal täglich auftragen

Echinacea hat sich mehrfach bei hartnäckigem Hautpilz (kleinflächig) bewährt. Die Tinktur wird 1:10 mit Wasser verdünnt.

Sepia
Dosierung: C30, 1-mal täglich, max. 3–4 Gaben

Kreisrunde, schuppige, haarlose Flecken, am Rand bräunlich, nässend, Juckreiz. Ehe Trichophyton. Häufig: Gelenkbeugen, Brust, Kopf, Pfoten. Oft starker Körpergeruch, Hündin. Selbstständig, eher dominant, kein Schmuser.

Sulfur
Dosierung: D12, 2-mal täglich. max. 5 Gaben

Intensiver Juckreiz, erst trockene Flecken, dann Wundkratzen bis aufs Blut. Schlechter durch Wärme, Warmwerden, nachts, Wasser. Hund riecht. Alle Mykosearten. Folgen von Antibiotika, Haut unterdrückender Therapie, Futter, Stoffwechselstörung.

Arsenicum album
Dosierung: C30, 1-mal täglich, max. 3–4 Gaben

Trockene, schuppige Flecken, kratzt wund bis blutig, oft Krusten. Wundmachende, das Fell zerstörende Sekrete. Warmes Wasser bessert, nachts schlechter. Alle Mykosearten. Schlanker, (über-)empfindlicher, wachsamer Typ.

Ringförmige, (stark) juckende, schuppige Flecken, ggf. bräunlich, sich ausbreitend, ggf. feuchte Sekrete, Wechselhaftigkeit, neigt zu Atemwegserkrankung, Allergien. Rastloser, launischer, oft schwerfuttriger Typ.

Bacillinum*
Dosierung: C30 in Wasser, 1-mal täglich, max. 3 Gaben

Hartnäckiger Hautpilz, vor allem in Falten, Beugen; chronisch fortbestehend; starker Juckreiz (vermehrt bei Wärme); Krustenbildung mit gelben Sekreten, braune Schuppen.

Psorinum*
Dosierung: C30, 1-mal täglich, max. 3 Gaben

»Hot spot« (Pyotraumatische Dermatitis)

Der »Hot spot« ist eine sich rasch entwickelnde, starke Hautentzündung. Voraus geht eine lokale Hautverletzung, -reizung, ein lokaler Hautausschlag mit Juckreiz durch verschiedene Faktoren. Der Hund kratzt, leckt, beißt sich wund bis blutig, es kommt zur Infektion mit eiterbildenden Bakterien, die wiederum Juckreiz auslösen. Wenn Homöopathie innerhalb von 1–2 Tagen keine Besserung bringt, ist ein Tierarzt aufzusuchen. Tritt ein »Hot spot« wiederholt auf, ist die Ursache zu klären. Neigt Ihr Hund zu Ekzemen, schauen Sie auch unter »Ekzem«.
Erste Maßnahmen: Haare im betroffenen Hautbereich vorsichtig scheren oder mit der Schere entfernen, die Haut mit nachfolgender *Calendula-Essenz* behandeln. Keine Salben selbsttätig anwenden!

Zur äußerlichen Behandlung: 1–2 Teelöffel auf 1/8 Liter abgekochtes Wasser oder isotonische Kochsalzlösung (Apotheke), 2-mal täglich besprühen oder mit einer Kompresse gut befeuchten.

Calendula-Essenz oder **-Tinktur**
Dosierung: Siehe Angaben links, max. 7 Tage

Bei Hautverletzung, wenn rechtzeitig erkannt, sofort verabreichen. Ggf. bereits warmer, geschwollener Hautbereich bis nässende Hautentzündung. Furcht und Widerwille gegen Berührung. Folgen von Verletzungen.

Arnica
Dosierung: C30, 2–3 Gaben an dem einen Tag

Apis
Dosierung: C30 in Wasser, 2-stündlich, max. 3 Gaben

Heiße, trockene und extrem berührungsempfindliche Hautschwellung, ängstliche Ruhelosigkeit, ggf. großer Juckreiz, noch ohne Eiterung. Oft Allergie auslösende Faktoren.
Besserung: Kühlung!
Hinweis: Nicht mit *Rhus toxicodendron*.

Rhus toxicodendron
Dosierung: C30 in Wasser, 2-stündlich, max. 3 Gaben

Akuter Hautausschlag, starker Juckreiz, ruhelos, häufiger Lagewechsel, Hautschwellung, dünne, auch eitrige Absonderungen, wundmachend bis das Haar zerstörend, Krustenbildung, verdickte Haut. Häufige Folgen von Kälte, Feuchtigkeit, Nässe.
Besserung: Warmes Wasser.
Hinweis: Nicht mit *Apis*.

Hepar sulfuris
Dosierung: C30, 2-mal täglich, max. 3 Gaben

Extreme Berührungsempfindlichkeit des Hautbereichs, heftige Abwehr, Wundkratzen, feuchte, eitrige oder blutig-eitrige und übel riechende Sekrete. Krustenbildung. Ist sehr kälteempfindlich.

Lachesis
Dosierung: C30, 2–3 Gaben an dem einen Tag

Gestörtes Allgemeinbefinden, sehr empfindlich gegen Berührung, Wärme, Enge. Hautbezirk (sehr) schmerzhaft, Haut blutet schnell, blaurot verfärbte Wundränder, dünne, übelriechende, ggf. eitrige Sekrete, ggf. Fieber bis hohes Fieber. Eines der »Kummermittel«.

Sulfur
Dosierung: D12, 1–2-mal täglich, max. 5 Gaben

Wiederkehrender Hot spot, z. B. infolge Antibiotika, Kortison, Hund ist seitdem wiederholt (haut)krank und ggf. weniger vital. Starker Juckreiz (vor allem abends, nachts, durch Wärme, Warmwerden, Wasser, Baden), kratzt/beißt/leckt sich wund bis blutig. Heißer Hautbezirk, liegt gerne kühl. Auch Allergien, Futtermittelfolgen.

Ekzem

Das Ekzem ist eine akute oder chronische entzündliche Hautreaktion oder -erkrankung, die in unterschiedlichen Formen (z.B. Hitze/Rötung/Schwellung, Bläschen, Pusteln, Krusten, Risse, Schuppen), Erscheinungsbildern und Ausprägungen auftritt. Oft besteht Juckreiz. Die Veranlagung zu Ekzemen kann erblich sein oder erworben (u.a. durch Futtermittel, Impfung, Medikamente, seelischen Stress). Zudem gibt es Kontaktekzeme (z.B. durch Chemikalien). Ein Parasiten- oder Pilzbefall sollte ausgeschlossen werden. Wenden Sie sich bitte an erfahrene Homöopathen, wenn Sie Ihrem Hund nicht helfen können.

Ekzem, Basistherapie

Entschlackung, antiallergische Wirkung und juckreizmildernd. Als Urtinktur oder Tee.

Urtica urens
Dosierung: Urtinktur, 1-mal täglich 5 Tropfen, ca. 30 Tage

Ekzem, akut

Hier passt auch *Apis*, sehen Sie unter »Hot spot«.

Plötzlich heiße, rote, trockene, (sehr) berührungsempfindliche Hautbeschwerden. Vor oder während des Ausbruchs evtl. ungewohnt erregt, aggressiv. Empfindlich gegen Zugluft, Fellscheren (Kopf), Sonne, Erhitzung.

Belladonna
Dosierung: C30, 1–2-mal täglich, max. 3 Gaben

Ekzem, weniger akut und chronisch

Bläschen, die nässen, dünne, ggf. übelriechende Absonderungen, starker Juckreiz, Unruhe, Schwellung/Verhärtung/Verdickung, dunkle Krusten (gelblich nässende). Oft im Bereich: Kopf, Ohren, Lende, Bauch, Gliedmaßen, Pfoten.
Besserung: Warmes Wasser, Bewegung.

Rhus toxicodendron
Dosierung: C30 in Wasser, 1–2-mal täglich, max. 3 Gaben

Arsenicum album
Dosierung: C30 in Wasser, 1-mal täglich, max. 3 Gaben

Trockene, raue, pergamentartige Haut, Schuppen, (sehr) starker Juckreiz (bes. nachts), kratzt bis aufs Blut, nässende Ausschläge, wundmachende und das Fell zerstörende Sekrete, ggf. braun-schwarze Verfärbung. Folgen von Kortison, Antibiotika. Schlanker, ruheloser, unsicherer Typ, der gewohnte Tagesabläufe braucht.
Besserung: Warmes Wasser (Haut)!

Sulfur
Dosierung: C30 in Wasser, 1-mal täglich, max. 2–3 Gaben

Zuerst trockener, pickelig-pusteliger Ausschlag, warme/heiße Haut, intensiver Juckreiz (bes. nachts, Warmwerden), kratzt wund bis blutig, schuppige Krusten, Risse. Selbstbewusster, hungriger, wissensdurstiger Typ. Folgen von unterdrückten Ausschlägen, Kortison, Antibiotika, Impfung, Stoffwechselstörungen. Alle Körperbereiche.
Verschlechterung: Wasser!, Warmwerden.

Calcium carbonicum
Dosierung: C30 in Wasser, 1-mal täglich, max. 3 Gaben

Gemächlicher, behäbiger Typ, stur, kein Langstreckenläufer, nicht so mutig. Trockenschuppiges oder feuchtes Ekzem, (dicke) Krusten, gelblich, ggf. saurer oder übler Geruch. Oft im Bereich: Gliedmaßen, Pfoten, Kopf, Ohren, Bauch.
Verschlechterung: Kälte, Winter!

Lycopodium
Dosierung: C30 in Wasser, 1-mal täglich, max. 3 Gaben

Feuchtes, nässendes Ekzem, das bald Krusten und/oder Risse bildet, die leicht bluten und wieder nässen. Juckreiz (schlechter beim Warmwerden, nachts). Dominant, aber oft Ranghöheren ausweichend, Magen/Leberleiden, Blähungen. Oft im Bereich: Pfoten, Kopf.
Verschlechterung: Wärme.

Hepar sulfuris
Dosierung: C30 in Wasser, 1-mal täglich, max. 3 Gaben

Sehr empfindlich/reizbar gegen Berührung und Kälte; raue, verdickte Haut, starker Juckreiz; Eiterung, schmierige Beläge, infizierte Bereiche in Hautfalten, dicke Krusten/Borken; Geruch: sauer, übel oder wie alter Käse.

Psorinum*
Dosierung: C30 in Wasser, 1-mal täglich, max. 3 Gaben

Übel riechende Absonderungen, trocken-schuppige oder nässende bis eitrige, gelbe oder bräunliche Ausschläge, Juckreiz, kratzt bis aufs Blut; Krusten. Oft im Bereich Gelenkbeugen, Gliedmaßen, Ohren, Kopf.
Verschlechterung: Kälte.

Graphites
Dosierung: C30 in Wasser, 1-mal täglich, max. 3 Gaben

Träge; verfressen; mollig; typisch sind klebrige, gelb-honigartige Absonderungen oder Krusten; lederartige, verdickte bis wulstige Haut, (tiefe) Risse, die schnell bluten oder honigartig absondern. Oft im Bereich: Gelenkbeugen, Pfoten, Kopf, Nacken, Ohren, Bauch.
Verschlechterung: Wasser, Wärme.

Natrium chloratum
Dosierung: C30 in Wasser, 1-mal täglich, max. 3 Gaben

Ekzem infolge salzhaltigen (Trocken-)Futters, Kummer. Zunächst bläschenartiger Ausschlag, starker Juckreiz (schlechter bei Kälte), dünne Krusten, wundmachende, das Fell zerstörende Sekrete. Oft in Gelenkbeugen, Kopf, Pfoten. Distanzierter, fremdelnder, treuer Ein-Mann(Frau)-Typ.
Verschlechterung: Nach Urlaub an der Meerküste.

Sepia
Dosierung: C30 in Wasser, 1-mal täglich, max. 3 Gaben

Ekzem aufgrund oder begleitet von Hormonstörungen, Gebärmutterleiden, Läufigkeit. Trockene, dunkle, schuppige oder schorfige Ausschläge, oft rund oder begrenzt, Juckreiz, Risse (Gelenkbeuge), Verdickung durch Liegen. Alle Körperbereiche, oft in Gelenkbeugen.
Besserung: Bewegung, Ablenkung.

VERHALTEN

Verhaltensauffälligkeiten

Im Gegensatz zum Menschen kann der Hund nicht hinterfragen oder analysieren, warum sein Halter oder die Stimmung im Haushalt z. B. angespannt, nervös oder furchtsam ist, sondern der Hund wird dies als gegeben hinnehmen und dementsprechend widerspiegeln. Dadurch können Missverständnisse entstehen, die nicht selten auf den Hund zurückfallen. Es gibt natürlich auch Hunde, deren Vorgeschichte, Typ oder Charakter seinem Menschen Kopfzerbrechen machen. Umso bedeutsamer ist die Erziehung des Hundes und eine geklärte Überlegenheit des Halters gegenüber seinem Hund. Die hier vorgestellte Homöopathie kann viel Gutes bewirken, wobei sie keine artgerechte, sorgsame und freundliche Haltung und Erziehung des Hundes ersetzen kann. Bei Angst und Schreck helfen Hund und Mensch auch Bachblüten Notfalltropfen (Rescue Remedy).

Angst infolge von Schreck, Schock

Passt auch zu *Stramonium* und *Phosphorus* (Angst beim Alleinsein).

Aconitum
Dosierung: C30, 2-stündlich, max. 2 Gaben

Heftige Angstreaktion, Plötzlichkeit, Unruhe, ggf. Jaulen bis Schreien, z. B. durch Berührung oder Näherkommen, im engen Raum, an belebten Plätzen. Auch Folgen von Überanstrengung, kaltem Ostwind. Länger bestehend: C200, 1 Gabe.

Opium
Dosierung: C30, 1–2-mal täglich, max. 3 Gaben

Teilnahmslosigkeit, innerer Rückzug, geringes Schmerzempfinden, Apathie wechselt mit Überempfindlichkeit/-erregung, zurückbleibende Angst, Zittern, Gähnen, Verstopfung, Lähmung, Harnverhalten, Epilepsie.

Ignatia
Dosierung: C30, 1–2-mal täglich, max. 3 Gaben

Widersprüchliches Befinden, hysterisches Verhalten, wechselhafte Launen. Seufzen, krampfhaftes Gähnen. Körperliche Beschwerden infolge eines Schrecks, z. B. Magen (dennoch Appetit/oder kein Appetit, Durst), Krämpfe, Fieber, Inkontinenz, Pfotenknabbern. **Besserung:** Ablenkung.

Verletzungsschock, körperlich und seelisch. Furcht vor Annäherung und Berührung! Überempfindlich gegen Berührung, schmerzhaftes Liegen mit Unruhe, nächtliche Furcht.

Arnica
Dosierung: C30, 1–2-mal täglich, max. 3 Gaben

Angst beim Alleinsein

Passt auch zu *Calcium carbonicum* und *Calcium phosphoricum* (Ängstlichkeit, Schreckhaftigkeit).

Neigt zu (Über-)Erregung, Angst: Zittern, Hecheln, Jaulen, Bellen bis zu Unsauberkeit, Zerstörungswut. Menschenbezogener, charmanter, geselliger Typ. Viel Energie (wenn gesund). Mitfühlend, sensibel, neugierig. Liebt Nähe, Aufmerksamkeit. Vor/bei Krankheit oder Kummer deutlich anhänglich, gut zu beruhigen. Eher schlank.
Verschlechterung: Dämmerung, Gewitter.

Phosphorus
Dosierung: C30, 1-mal täglich, max. 3 Gaben

Liebevoller Hund, (sehr) anhänglich und jammerig, wenn er allein gelassen wird, dann z. B. Nahrung stiehlt, Papierkörbe leert, anderen Unfug oder ins Haus macht, beleidigt ist oder erkrankt. Furcht, wenn eingesperrt. Eher gemütlicher Typ, Mitläufer, folgsam, unterwürfig, aber auch mal zickig. Tendenz zum Molligen.
Verschlechterung: Warme, enge Räume.

Pulsatilla
Dosierung: C30 in Wasser, 1-mal täglich, max. 3 Gaben

Unsicherheit, dadurch ängstlich, unruhig. Jammern, Bellen oder sich Verkriechen, z. B. in dunkle Ecke. Braucht seine Bezugsperson, Gewohnheit, geordneten Tagesablauf, gerät durch Ungewohntes, Stress, Zwang, Einsperren in Angst und kann (sehr) panisch reagieren. Intelligent, freundlich, aber auch Angstbeißer. Tendenz zur Dominanz.
Verschlechterung: Nachts, Gewitter, Dunkelheit.

Arsenicum album
Dosierung: C30, 1-mal täglich, max. 3 Gaben

Stramonium
Dosierung: C30, 1-mal täglich, max. 3 Gaben

Extreme Angst beim Alleinsein, die seit Geburt bestehen oder durch Schreck, Schock, Gewalt ausgelöst worden sein kann. Große Angst vor Dunkelheit. Reagiert z. B. mit Zerstörung, Unsauberkeit, anhaltendem Bellen, Jaulen. Wie außer sich. Auch Angst vor Wasser.
Verschlechterung: Dunkelheit, Fremde.

Schreckhaftigkeit, Ängstlichkeit

Passt auch zu *Phosphorus, Arsenicum album* und *Pulsatilla* (Angst beim Alleinsein), zu *Aconitum* (Angst infolge von Schreck, Schock).

Belladonna
Dosierung: C30, 1-mal täglich, max. 3 Tage

Überempfindliche Sinne, heftige, kraftvolle bis wilde Reaktionen bei Schreck, Bedrohung (u. a. Dunkelheit, Geräusche, Berührung, Wasser), auch Wut bis zur Raserei.

Nux vomica
Dosierung: C30, 1-mal täglich, max. 3 Gaben

Überempfindlich gegen äußere Eindrücke und Kälte, sehr empfindlich gegen Geräusch, Licht, Geruch, Berührung, Druck, Stress. Nervös, reizbar, hektisch. Kann außer sich vor Angst sein. Angstbeißer, rücksichtsloses Verhalten, Eifersucht, Arbeitseifer. Morgenmuffel.

Lycopodium
Dosierung: C30, 1-mal täglich, max. 3 Gaben

Bei Ungewohntem, Fremden, in der Fremde, vor Männern, Prüfung, bei Beengung. Weicht aus oder macht Scheinangriffe (blufft), bellt oder sucht Schutz. (Sehr) widersetzlich bei nachdrücklicher Zurechtweisung oder Einengung. Wärme/Hitze verschlechtert.
Besserung: Fortgesetzte Bewegung.

Calcium phosphoricum
Dosierung: C30, 1-mal täglich, max. 3 Gaben

Langweilt sich, braucht Veränderung, nerviges Hin-/Hergehen. (Sehr) erschreckt bei geringstem Anlass, schnell unkonzentriert, Angst vor Dunkelheit, Gewitter, beim Alleinsein. Sensibel, mitfühlend, Angst um andere, widersetzlich durch Grobheit. Schlank, ungeduldig, kälteempfindlich.
Verschlechterung: Überforderung.

Hat zahlreiche Ängste, z. B. fern der Heimat, in der Fremde, beim Alleinsein, bei/infolge grober Behandlung, infolge von Unfall, vor kleinen Tieren, Insekten. Freundlicher, pflegeleichter Hund, eher phlegmatisch mit kräftiger Statur, liebt Futter über alles. Spätentwickler.

Calcium carbonicum
Dosierung: C30, 1-mal täglich, max. 2–3 Gaben

Angst vor Wasser

Passt auch zu *Stramonium* (Angst beim Alleinsein).

Plötzliche und andauernde Furcht vor Wasser (stehend, plätschernd, fließend), Wassernapf (z. B. Schlundkrämpfe), glitzernden Flächen oder Gegenständen. Folgen von Tollwutimpfung.
Hinweis: Heißt auch *Hydrophobinum*.

Lyssinum*
Dosierung: C30, 1-mal täglich, max. 2–3 Gaben

Heftige Angstreaktion, hyperaktiv, häufiges und erregtes Bellen, sucht/braucht viel Aufmerksamkeit, misstrauisch, boshaft, »Giftzwerg«, eifersüchtig, sexuell sehr aktiv. Auch Furcht vor glitzernden Flächen.

Hyoscyamus
Dosierung: C30, 1-mal täglich, max. 3 Gaben

Brücke über Gewässer, hat Höhenangst, kann Abneigung gegen Wasser und Baden haben, sonst selbstbewusster Typ, intelligent, interessiert, oft Hautbeschwerden, Körpergeruch.
Verschlechterung: Wärme, Überhitzung

Sulfur
Dosierung: C30, 1-mal täglich, max. 2–3 Gaben

Aggressionen, Eifersucht

Passt auch zu *Hyoscyamus* (Angst vor Wasser), zu *Staphisagria* (Kummer, Verlust, Tierheim).

Plötzliche, gewaltige Aggression, wie außer Kontrolle, sehr intensiv, plötzlich kommend und plötzlich vergehend, z. B. vor/bei Erkrankung, durch Reizüberflutung, Schreck, Angst, Sonne, hellglänzende Gegenstände/Flächen, Wasser. Auch ohne ersichtlichen Grund. Häufiges Akutmittel von *Calcium carbonicum*.

Belladonna
Dosierung: C30, 1-mal täglich, max. 3 Gaben

Nux vomica **Dosierung**: C30, 1-mal täglich, max. 3 Gaben	Überempfindliche Sinne, rasch gereizt, hektisch, ungeduldig, launenhaft, hinterhältig, Konkurrenzverhalten, Eifersucht. Plötzliches Knurren, Beißen, sucht ggf. Streit oder weicht ihm aus, empfindlich gegen Berührung/Störung, ggf. auch gegenüber dem Halter, Zittern aus Wut, Furcht oder Kälte. **Verschlechterung**: Stress, Bewegungsmangel.
Lachesis **Dosierung**: C30 in Wasser, 1-mal täglich, max. 3 Gaben	Bewegungsfreudiger, intelligenter, ranghoher Typ. (Extreme) Eifersucht, bewacht seinen Menschen, misstrauisch gegen Fremde, plötzlich und gezielt schnappend/angreifend bis (extrem) aggressiv, verträgt keine Halsbeengung, häufige Lautäußerung. Kummer durch Eifersucht, nicht erwiderte »Liebe«. **Verschlechterung**: Vor Läufigkeit, Unterdrückung, Wärme.
Natrium chloratum **Dosierung**: C30, 1-mal täglich, max. 3 Gaben	Treuer und leistungsbereiter Hund, der bei unaufgeforderter Zudringlichkeit oder Berührung durch Fremde (sehr) aggressiv sein kann, auch infolge von Kummer, Tierheim. Nachtragend, empfindsam, mitfühlend, angespannt. Ein-Mann(Frau)-Typ. **Verschlechterung**: Kälte.
Lycopodium **Dosierung**: C30, 1-mal täglich, max. 3 Gaben	Dominanzprobleme, freundlich bis unterwürfig bei Überlegenheit/dominierend bis aggressiv bei Unterlegenheit, Unsicherheit, Unbekannten/m, Beengung, bei Radfahrern. Vorne knurren/hinten wedeln. Eifersüchtiger, intelligenter, nachtragender Typ. **Verschlechterung**: Wärme.
Arsenicum album **Dosierung**: C30 in Wasser, 1-mal täglich, max. 3 Gaben	Angstbeißer, Ein-Mann(Frau)-Hund. Freundlich, aber bei Angst, Bedrohung oder strenger Erziehung ggf. knurrig bis (enorm) bissig. Tendenz zur Dominanz. Unruhiger, anspruchsvoller Typ, der seine Gewohnheiten liebt, eher schlank. Periodische Erkrankungen. **Verschlechterung**: Kälte.

Ungewohnt oder unvermutet aggressiv, z. B. durch Angst, Überforderung, schlechte oder grobe Haltung/Behandlung, Kummer. Sonst lieber, anhänglicher, einfallsreicher, charmanter Hund, der gerne Kontakt und Aufmerksamkeit hat.

Phosphorus
Dosierung: C30, 1-mal täglich, max. 3 Gaben

Dominante, selbstständige Hündin, Gleichgültigkeit wechselt mit Reizbarkeit, keine Schmuserin, widersetzlich bis aggressiv durch Aufdringlichkeit, Zwang, Überforderung (z. B. zu viele Welpen), lärmende Hunde, Menschen, Gruppen, ggf. Kinder, vor/nach Läufigkeit.
Besserung: Viel Bewegung.

Sepia
Dosierung: C30, 1-mal täglich, max. 3 Gaben

Kummer, Verlust, Tierheim

Passt auch zu *Phosphorus, Pulsatilla, Arsenicum album* (Angst beim Alleinsein), zu *Lycopodium, Lachesis* (Aggressionen, Eifersucht).

Verzweifelter Kummer, z. B. neues Zuhause, Tierheim, Pension, Tod; sein Leiden ist kaum zu übersehen, still für sich oder auf-, ab- oder weglaufend, frisst/trinkt kaum bis nicht. Tiefes Luftholen (Seufzen).

Ignatia
Dosierung: C30, 1–2-mal täglich, max. 3 Gaben

Speichert Kummer, auch den seines Halters (»opfert« sich!), teilnahmslos, in sich gekehrt, Abmagerung, will seine Ruhe oder aggressiv, bissig. Kann in Gegenwart Fremder nicht oder nur sehr versteckt Urin lassen.

Natrium chloratum
Dosierung: C200, 1-mal täglich, max. 2 Gaben

Kummer durch Demütigung, Verlust der Position im Rudel (z. B. neuer Hund), weicht aus, statt sich zu behaupten, nachgiebig, schüchtern, evtl. Zittern oder plötzlicher Anfall von Aggression.

Staphisagria
Dosierung: C30, 1-mal täglich, max. 3 Gaben

Literaturnachweis, Bezugsquellen

Barthel, H., Miasmatisches Symptomen-Lexikon, 2. Aufl., Barthel & Barthel Verlag, Nendeln, 1999

Grafe, A., Repertorium für Tierhomöopathie, Akademie für Tiernaturheilkunde ATM, Bad Bramstedt, ca. 1990

Krüger, Christiane P., Praxisleitfaden Tierhomöopathie, Sonntag Verlag, Stuttgart, 2006

Marx-Holena, H., Klassische Homöopathie für Pferde, 3. Aufl., BLV Buchverlag, München, 2011

Marx-Holena, H., Der PraxisRatgeber Homöopathie für Katzen, BLV Buchverlag, München, 2011

Marx-Holena, H., Der PraxisRatgeber Homöopathie für Pferde, 3. Aufl., BLV Buchverlag, München, 2010

Morrsion, R., Handbuch der homöopathischen Leitsymptome und Bestätigungssymptome, 2. Auflage, Kai Kröger Verlag, 1997

Murphy, R., Klinisches Repertorium der Homöopathie, 1. Aufl., Narayana Verlag Kandern, 2007

Steingasser, H. M., Homöopathische Materia Medica für Veterinärmediziner, 3. Auflage, Verlag W. Maudrich, Wien, 2004

Synthesis, Repertorium homoeopathicum syntheticum; Edition 7: Herausgeber F. Schroyens, Hahnemann Institut, Greifenberg, 1998

Bezugsquellen (siehe auch Seite 18):

Deutsche Homöopathie Union
Ottostraße 24
76227 Karlsruhe
Fax: 0721 - 4093263
info@dhu.de
www.dhu.de

Staufen-Pharma GmbH & Co. KG
Bahnhofstraße 35
73033 Göppingen
Fax: 07161- 676298
info@staufen-pharma.de
www.staufen-pharma.de

Über Ihre Apotheke, Ihren Hausarzt oder Tierarzt zu bestellen.

Hilke Marx-Holena, Jahrgang 1955, hat neben ihrem Studium der klassischen Homöopathie eine mehrjährige Ausbildung zur Tierhomöopathin und eine dreijährige Tier-Heilpraktikerausbildung absolviert. Hilke Marx-Holena hält seit 30 Jahren Hunde. Sie ist die Autorin der Erfolgstitel *Kräuterheilkunde für Pferde* und *Homöopathie für Pferde* (2 Bücher).

hil.ma-tierhomoeopathie@t-online.de
www.homoeopathie-pferde-hunde.de

Impressum

Bibliografische Information der Deutschen Nationalbibliothek

Die Deutsche Nationalbibliothek verzeichnet diese Publikation in der Deutschen Nationalbibliografie; detaillierte bibliografische Daten sind im Internet über http://dnb.d-nb.de abrufbar.

4., überarbeitete Auflage, Neuausgabe

blv BLV Buchverlag GmbH & Co. KG
80797 München

Umschlagkonzeption: Kochan & Partner, München
Umschlagfoto: Arco Digital Images/C. Steimer

Lektorat: Dr. Friedrich Kögel
Herstellung: Angelika Tröger
Layout und Satz: Uhl+Massopust, Aalen

Gedruckt auf chlorfrei gebleichtem Papier

Printed in Germany
ISBN 978-3-8354-1026-8

Hinweis
Das vorliegende Buch wurde sorgfältig erarbeitet. Dennoch erfolgen alle Angaben ohne Gewähr. Weder Autorin noch Verlag können für eventuelle Nachteile oder Schäden, die aus den im Buch vorgestellten Informationen resultieren, eine Haftung übernehmen.